JN177324

例題で学ぶ

はじめての電磁気

臼田昭司　井上祥史 著

技術評論社

本書の文字表記について

量記号やベクトル、無次元パラメータや基本定数、数値や数学記号の表記法は、JISで定められています。本書では、本シリーズを通してすべてイタリック体（斜体）、ベクトルは太字のイタリック体で表記しています。

JISでは、たとえば、量記号はラテン文字またはギリシャ文字の1文字で、すべてイタリック体（斜体）で表記します。また、ベクトル、テンソル、行列は太字（ボールド）の斜体です。単位記号は接頭語（n、μ、m、k、M、Gなど）を含めて直立体です。数値は直立体、数学記号は一般に定められている定数（e（自然対数の底），iまたはj（虚数単位），π（円周率））の記号は原則として直立体としています。

本書では、内容の理解に重点をおき、文字の表記についてはJISで主に使用しているイタリック体に全ての文字を統一しています。

はじめに

電気・電子を学ぶために必要不可となる基礎学問は電磁気と電気回路です。特に、電磁気は電気回路の一部を含む広範な範囲にわたっており、また、ベクトルを含む数学の知識も必要となることから勉強するのが大変です。ベクトルと聞いただけでも毛嫌いされます。

本書のコンセプトは、難しい数学やベクトルのことがわからなくても読める電磁気をめざします。本書を読み進んでいくなかで、自然と数学やベクトルの基礎的なことが理解できるようになります。また、本題に入る前に、電磁気とはどのようなことを勉強するのかを一通り広く浅く解説することも必要です。本書では、第1章を“電磁気ミニ解説”という切り口で設けていますので、まずは、電磁気の基礎、そのフィロソフィーの一端をひもとくことができます。

本書は以下の章で構成されます。

第1章は、電磁気の全般についてミニ解説をします。

第2章は、静電現象について解説します。

第3章は、磁気の基礎について解説します。

第4章は、電流と磁界の関係について解説します。

第5章は、磁力線と電磁力について解説します。

第6章は、電気回路に対応した磁気回路について説明します。

第7章は、電磁誘導のしくみと誘導起電力について解説します。

第8章は、コイルの自己インダクタンスとコイル間の相互インダクタンについて解説します。

第9章は、電磁場における4つの法則とこれらを1つのセットにしたマクスウェルの方程式について解説します。またマクスウェルの方程式の応用について例題を用いて解説します。この章でベクトルについて少し触れることができます。

付録では、「電磁気に関する物理量と単位記号」、「コイルとソレノイド」、「ベクトルと交流」、「電磁気に必要な数学の基礎知識」(ベクトルについて解説)、「電磁気の法則」、「電磁波」について説明しています。本文の理解の補助として参照することができます。

本書は、第2章以降から適所に例題を取り入れています。例題には解説が付いていますので自分で解いてわからないときは解説をひもとくなどして自習することができます。

また、冒頭に述べたように、難しい数式やベクトルは極力使用しないで解説していますので、違和感なく読み進むことができます。ベクトルについては、本文には説明上必要と思われる基礎的なことのみを記載していますので、そこで読み止まることはありません。
第９章の後半までくると、ベクトルが少し出てきますが、付録「電磁気に必要な数学の基礎知識」を参照することにより理解を得ることができます。
本書は、まず最初に、第１章のミニ電磁気を読んでいただいて電磁気の全体像を掴んでください。その後、第２章から例題を解きながら順に読み進まれることをお薦めします。
本書をひもとくことによって電磁気を理解するきっかけになっていただければ筆者らにとって望外の喜びです。
最後に、本書執筆の好機を与えていただいた株式会社技術評論社の諸氏に感謝いたします。

2016年12月　筆者

CONTENTS

第1章　電磁気学の基礎

第2章　電荷と電界

第3章　磁石の性質と電流がつくる磁界

第4章　磁界の強さ

第5章　磁束と磁束密度

第6章　磁気回路

第7章　電磁誘導

第 8 章　自己誘導と相互誘導

第 9 章　やさしいマクスウェルの方程式

付録

第1章

電磁気学の基礎

本章は、ミニ電磁気という切り口で電磁気の基礎をまとめています。電磁気について必要最低限度の基礎について解説しています。第2章以降に入る前の準備段階として、電磁気の基礎について一通り学べるようにまとめています。本章で学んだあとに、第2章以降の各章で例題を用いて少し深く掘り下げて学んでいきます。

1−1 電荷量と電流

金属などの導体（断面積 $S\,[m^2]$）を負電荷（電子）と正電荷が流れているとします（図1−1）。$t\,[s]$（s は時間、秒の単位）間に $Q\,[C]$（$[C]$ は電荷の単位でクーロンと発音）の電荷が流れたときの電流の大きさを $I\,[A]$（$[A]$ は電流の単位、アンペアと発音）としたとき、次の関係式が成り立ちます。

$$I=\frac{Q}{t} \quad \text{または} \quad Q=I\cdot t \qquad (1-1)$$

電子1個の電荷量は $q=1.6\times10^{-19}\,[C]$ であるので、$1\,[C]$ の電荷量を電子の数に換算すると

$$\frac{1\,[C]}{1.6\times10^{-19}\,[C]}=6.25\times10^{18}\,[\text{個}]$$

となります。

単位体積あたりの電子の数 $n\,[\text{個}/m^3]$ が速度 $v\,[m/s]$ で断面積 $S\,[m^2]$ を通過すると仮定した場合、$\Delta t\,[s]$ 間に断面積を通過する電子数は

$$(n\times v\times S)\,[\text{個}/s]\times\Delta t\,[s]=nvS\Delta t\,[\text{個}]$$

となります。

したがって、電子の流れによる電流 $I\,[A]$ は

$$I=\frac{nvSq\Delta t}{\Delta t}=nvSq \qquad (1-2)$$

となります。

正電荷の流れる方向が電流の流れる方向になり、電子の流れる方向と電流の流れる方向は逆になります。

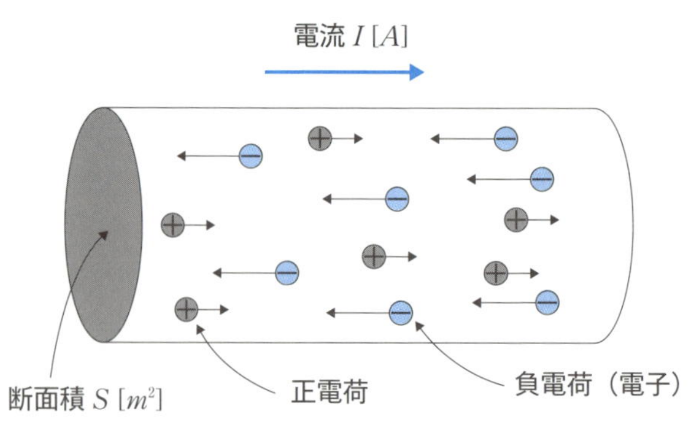

図1−1 導体を流れる電荷と電流の関係

1－2 電場とクーロンの法則

２つの電荷の間には静電力である**クーロン力**が働きます。２つ電荷が同符号であれば**斥力**（**反発力**）が、異符号であれば**吸引力**が働きます（図１－２）。

クーロン力は次式で表されます。

真空中に距離 r [m] 離れた２つの電荷を q_1 [C] と q_2 [C] とするとクーロン力 F [N]（[N] は力の単位でニュートンと発音）は

$$F = \frac{q_1 q_2}{4\pi\varepsilon_0 r^2} \qquad (1-3)$$

です。２つの電荷の間に働く力の大きさは、２つの電荷の積 $q_1 q_2$ に比例し、電荷間の距離 r の二乗に反比例することがわかります。

ここで、ε_0 $(=8.85\times10^{-12}$ [$C^2/(N\cdot m^2)$] または [F/m]) は真空の誘電率です。

式（１－３）で $k = \frac{1}{4\pi\varepsilon_0}$ とおいて k の値を求めると

$$k = \frac{1}{4\pi\times(8.85\times10^{-12})} \approx 9\times10^9\ [N\cdot m^2/C^2]$$

となります。

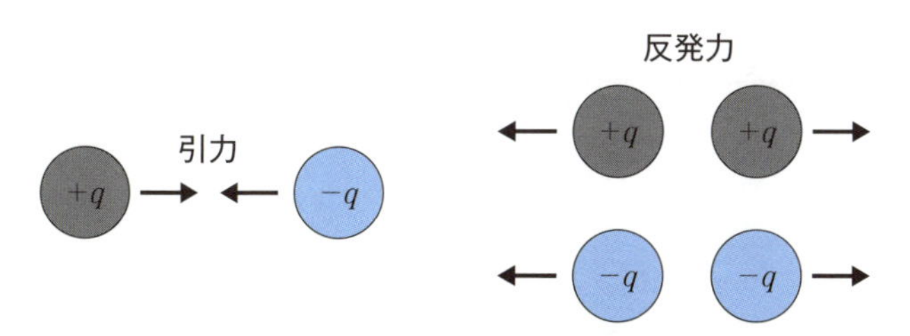

図１－２　クーロン力（吸引力と反発力）

２つの電荷があるとすると、クーロン力は大きさと方向をもったベクトルと考えることができます（図１－３）。電荷 q_1 から q_2 に向かう、大きさ（長さ）が１の**単位ベクトル**※注を $\frac{\boldsymbol{r}}{|\boldsymbol{r}|}$ （**太字はベクトルを表す**）とすると、式（１－３）は

※注：ベクトルの基本については、付録Ｃ「ベクトルと交流」と付録Ｄ「電磁気に必要な数学の基礎知識」を参照。

$$\boldsymbol{F}=\frac{q_1q_2}{4\pi\varepsilon_0 r^2}\frac{\boldsymbol{r}}{|\boldsymbol{r}|}\left(=\frac{q_1q_2}{4\pi\varepsilon_0 r^3}\boldsymbol{r}\right) \qquad (1-4)$$

のように表現することができます。

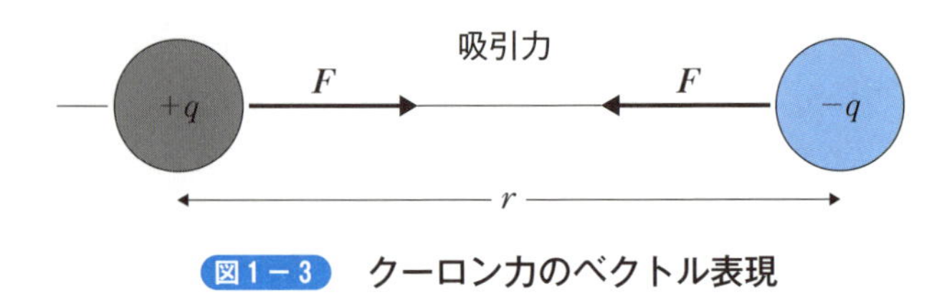

図1−3　クーロン力のベクトル表現

このように正負電荷が互いに反発したり引き合ったりする力を静電気力または静電力といいます。

1－3 電荷がつくる電場と電気力線

電荷 q [C] から距離 r [m] 離れた点 P の電場 E [N/C] は、次式で求めることができます（図1－4）。電荷がつくる電場のことを**静電場**または**静電界**といいます。この電場におかれた電荷に働く力が**クーロン力**です。

$$E=\frac{q}{4\pi\varepsilon_0 r^2} \qquad (1-5)$$

ベクトルで表現すれば、単位ベクトルを $\frac{\boldsymbol{r}}{|\boldsymbol{r}|}$ とすると

$$\boldsymbol{E}=\frac{q}{4\pi\varepsilon_0 r^2}\frac{\boldsymbol{r}}{|\boldsymbol{r}|}\left(=\frac{q}{4\pi\varepsilon_0 r^3}\boldsymbol{r}\right) \qquad (1-6)$$

となります。

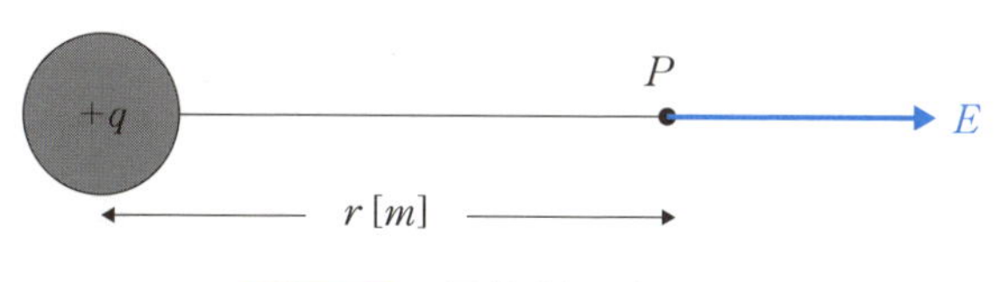

図1－4　電荷がつくる電場

電荷 q_1 [C] から距離 r [m] 離れた点 P（電場 $E=\frac{q_1}{4\pi\varepsilon_0 r^2}$）に電荷 q_2 [C] をおいたときに、電荷 q_2 に働くクーロン力の大きさは

$$F=q_2E$$

$$=\frac{q_1q_2}{4\pi\varepsilon_0 r^2} \qquad (1-7)$$

となります。

電気力線とは、電場 E に電荷 q をおいたときに、クーロン力（$F=qE$）を受けて電荷が動く軌跡を視覚的に表現したものです。

正電荷 $+q$ がつくる電場に負電荷 $-q$（等電荷、異符号）をおいたときの電気力線、正電荷 $+q$ がつくる電場に正電荷 $+q$（等電荷、同符号）をおいたときの電気力線は、それぞれ図1－5のようになります。

電気力線の特徴として、電気力線は正電荷から出て負電荷に入るということになります。また、単位面積を貫く電気力線の本数 n [本/m^2] は電場の大きさ（電

場の強さ）E [N/C] を表しています。すなわち、電気力線の密度 n は電場の強さ E に等しくなります。

半径 r [m] の球体の中心におかれた電荷 q [C] から放射状に出ている電気力線の総数 N [本] は、単位面積当たりの電気力線の本数は電場の大きさ E [本/m^2] であるので、

$$N = 4\pi r^2 \times E$$

$$= 4\pi r^2 \times \frac{q}{4\pi\varepsilon_0 r^2}$$

$$= \frac{q}{\varepsilon_0} \text{ [本]} \qquad (1-8)$$

となります。これを**ガウスの法則**といいます。ガウスの法則はもともと電場と電荷との間に成り立つ関係式をいいます。このように電気力線の総数 N は半径 r に無関係に電荷量 q によって決まります。

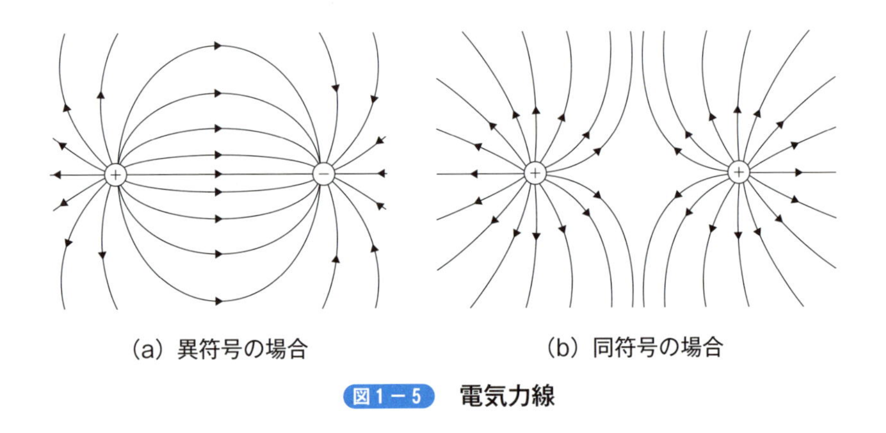

(a) 異符号の場合　　(b) 同符号の場合

図1−5　電気力線

1－4 電気力線と電束

電束とは電気力線を束ねたものをいいます。電荷 q [C] から出る電気力線は式（1－8）より $N=\frac{q}{\varepsilon_0}$ [本] となります。これを ε_0 倍した $\varepsilon_0 N$ [本]$=q$ [本] を1束としたものを電束と定義します。すなわち、1 [C] の電荷から1本の電束線が出ていると定義します。別の言い方をすれば

電束数 [本]＝ 電荷の大きさ [C]

ということになります。

半径 r [m] の球体の中心におかれた電荷 q [C] から放射状に出ている電気力線の場合は、単位面積あたりの電束数を電束密度として D [C/m^2] とすると、ガウスの法則は

$$D\times 4\pi r^2=q \qquad (1-9)$$

となります。

式（1－8）と式（1－9）を比べると、

$$4\pi r^2\times E=\frac{q}{\varepsilon_0}$$

$$D\times 4\pi r^2=q$$

より

$$D=\varepsilon_0 E \qquad (1-10)$$

となります。

このことから電束密度 $\boldsymbol{D}$ をベクトル（大きさと方向）としてみた場合、電束密度 $\boldsymbol{D}$ は電場 $\boldsymbol{E}$ のベクトルと同じ方向で、大きさのみが ε_0 倍であるベクトルであるといえます。電気力線と電束の関係を図1－6に示します。

電束および電束密度には物体に固有の値である誘電率が入ってこないので、周りの媒質に影響されない電束線などを扱うことができます。これが電束および電束密度を導入する最大のメリットです。コンデンサの極板間の電場 E は誘電体[※注]の誘電率によって弱くなるのに対して電束密度 D は誘電率には影響されず不変となります。

※注：誘電体については、1－7節を参照。

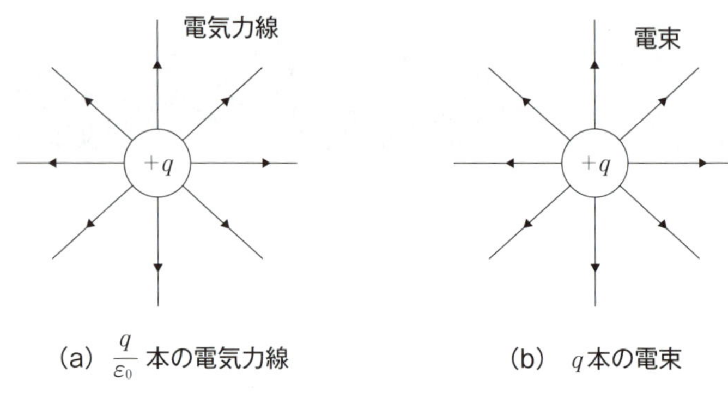

図1−6　電気力線と電束の関係

1－5 電位と電位差

電位というのは、電場の中の＋１[C]の電荷（点電荷という）がもつ位置エネルギー（ポテンシャルエネルギーという）を意味します。位置エネルギーというのは、基準位置から＋１[C]の電荷をその位置まで運ぶ仕事量[J]（Jはエネルギーの単位でジュールと発音）のことです。仕事量とは、クーロン力に逆らう力と距離（反発力であれば$-dr$、吸引力であれば$+dr$）を掛けて足し合わせた量になります。この仕事量は方向をもたない単なる大きさ（量）で、スカラーといいます。電位の単位は、単位電荷（＋１[C]）あたりの仕事量[J]という意味で、[J/C]と表記します。またこの単位は[V](＝[J/C])（ボルト）になります。

正電荷q[C]から距離r[m]離れた点における電位Vは、無限遠（無限遠または無限遠点の記号は∞と表記）の電位を0[V]としたとき次式で与えられます。負電荷$-q$[C]の場合は、電位はマイナスになります。

$$V=\frac{q}{4\pi\varepsilon_0 r} \qquad (1-11)$$

電位Vは距離rの一乗に反比例するので、電位のグラフは図１－７のようになります。すなわち、電場の発生源が$+q$[C]のときと$-q$[C]のときの単位電荷（＋１[C]）が受けるクーロン力と仕事量（斜線部分の面積）すなわち電位を示します。

斜線部分の面積は、電場の発生源が$+q$[C]のとき

$$\text{クーロン力}\times\text{距離}=\int_{\infty}^{r}\frac{q}{4\pi\varepsilon_0 r^2}(-dr)=\left[\frac{q}{4\pi\varepsilon_0 r}\right]_{\infty}^{r}=\frac{q}{4\pi\varepsilon_0 r}$$

となり、式（１－11）の電位となります。

電場の発生源が$-q$[C]のときは

$$\text{クーロン力}\times\text{距離}=\int_{\infty}^{r}\frac{q}{4\pi\varepsilon_0 r^2}dr=\left[-\frac{q}{4\pi\varepsilon_0 r}\right]_{\infty}^{r}=-\frac{q}{4\pi\varepsilon_0 r}$$

となります。

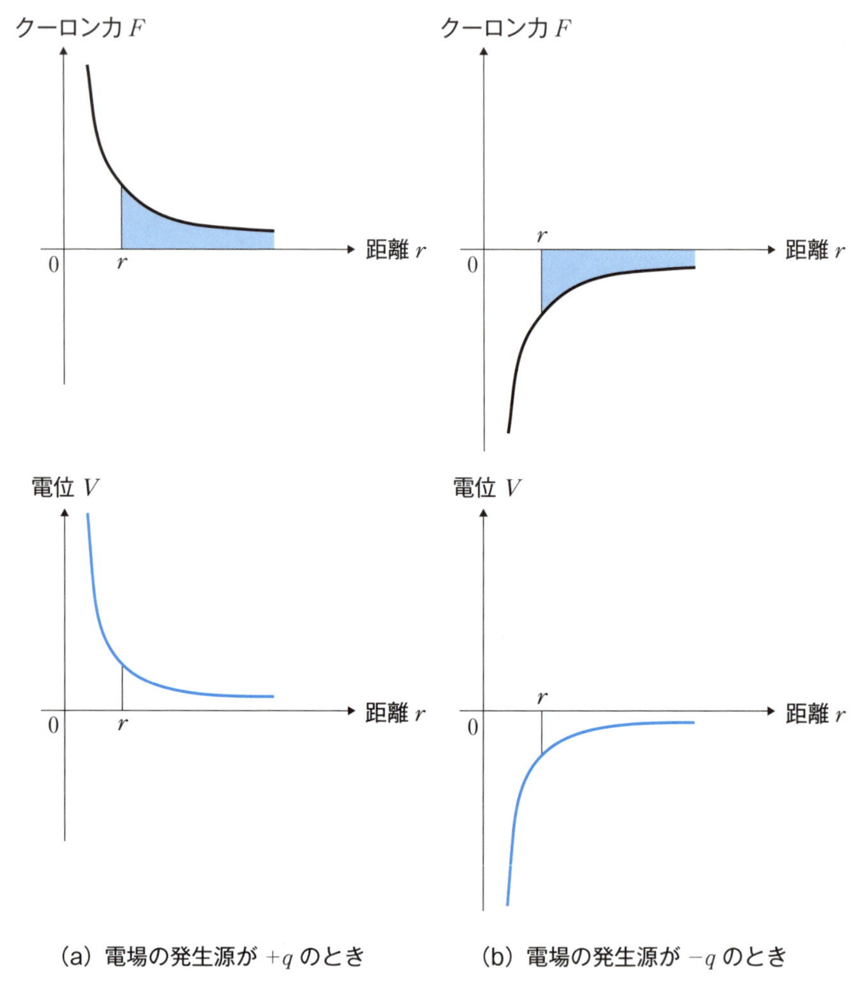

図1−7　単位電荷が受けるクーロン力と単位電荷がもつ電位

仮に、電荷 $Q\,[C]$ を電位 V の位置においたときの電荷 Q のもつ位置エネルギーは、単位電荷の Q 倍の

$$QV\,[J]$$

となります。

正電荷が2つある場合の電位を表すグラフは図1−8（a)、正の電荷と負の電荷が1つずつある場合のグラフは同図（b）のようになります。

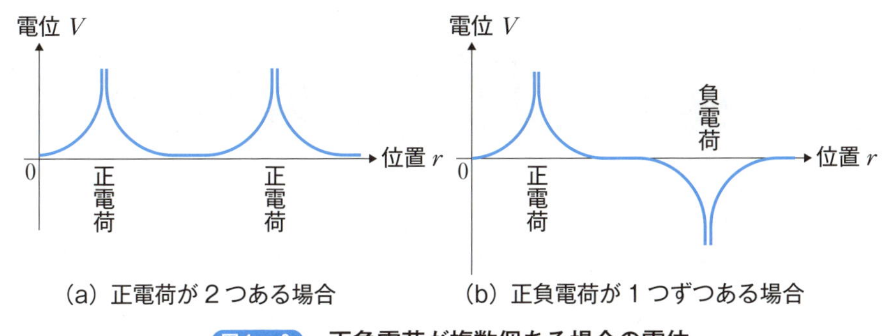

(a) 正電荷が2つある場合　(b) 正負電荷が1つずつある場合

図1−8　正負電荷が複数個ある場合の電位

電位差とは、2点間の電位の差のことをいいます。また、**電位差のことを電圧といいます。**

例えば、A 点の電位 V_A [V] におかれた電荷 Q_A [C] のもつ位置エネルギーは $Q_A V_A$ [J] であり、B 点の電位 V_B [V] におかれた電荷 Q_B [C] のもつ位置エネルギーが $Q_B V_B$ [J] であれば、両点でのエネルギーの差は

$$Q_A V_A [J] - Q_B V_B [J]$$

となります。

1－6 等電位線

等電位線は、電位の等しい点を結んで描かれる曲線で、電位の等高線を表しています。すなわち、**等しい電位の位置を示す線**をいいます。等電位線は電気力線と直交します。異符号の電荷の場合の等電位線の例を図１－９に、これに対応した電位の様子を図１－10に示します。電気力線の密度が電場の強さを表わし、等電位線の密なところは電場が強く、疎なところは電場が弱くなります。

すなわち、電位の傾きが電場の強さを表し、その向きは等電位線に垂直で電位の低い方向となります。

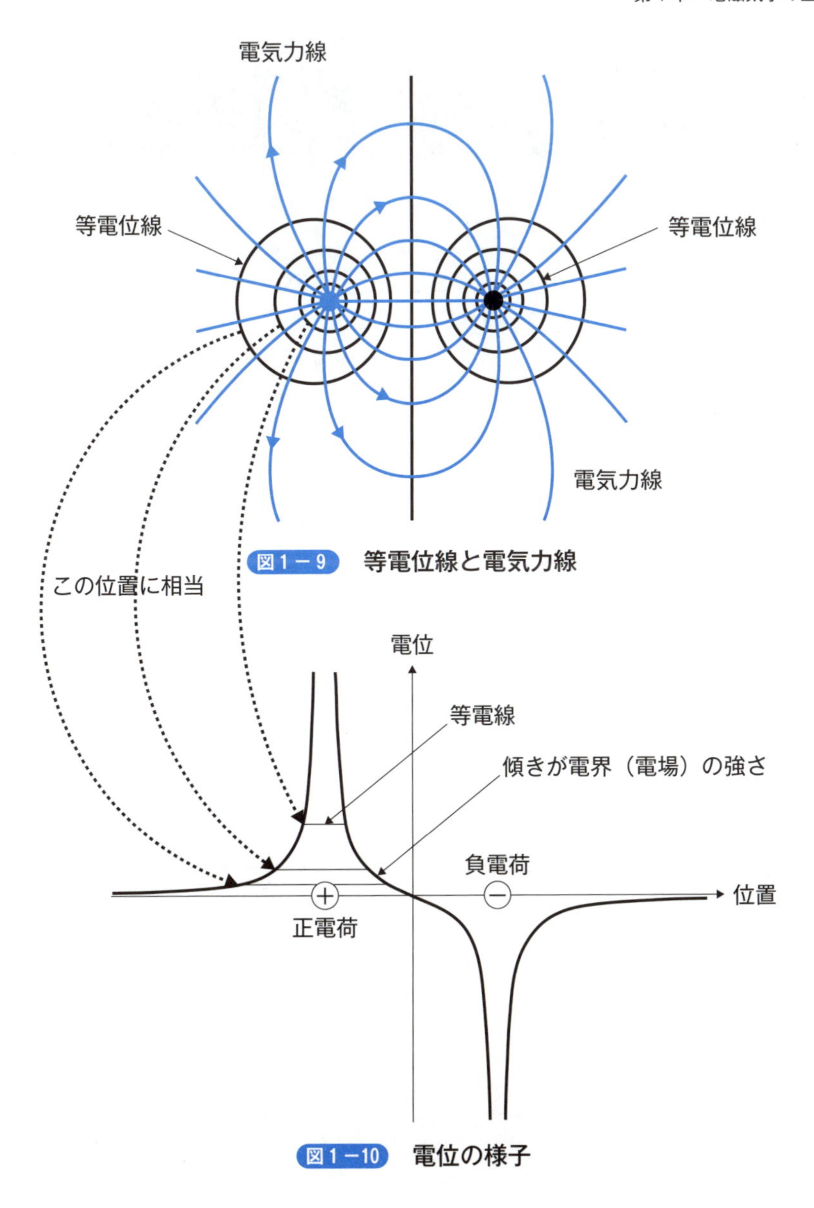

図１－９　等電位線と電気力線

図１－10　電位の様子

1－7 誘電分極

絶縁物を電場の中におくと絶縁物内部に正負の電荷が分極して現れます。これを誘電分極といいます。電磁気学では絶縁物のことを誘電体と呼んでいます。これに対して金属のように電流を流すことができる物質を導体といいます。金属内では電流の担い手である電子が自由に動き回ることができます。

誘電体に外部から電場を加えたときの誘電分極のイメージを図１－11に示します。誘電体に電場 E を加えると誘電体を構成する誘電体分子（または原子）が図のように分極し、正負の電荷をつくります。これを分極電荷といいます。誘電体内部では、正負の電荷同士が打ち消し合って電気的に中性になります。誘電体の表面（正負電極に接した表面）には、分極の片割れであるプラスの電荷とマイナスの電荷が現れます。これらの電荷は、分極の片割れなので、自由電子のように外部に取り出すことはできません。このため正負電極の反対側にはこれらの分極電荷と反対符号の電荷が帯電して現れます。この帯電した電荷が元の電場Ｅを弱めます。

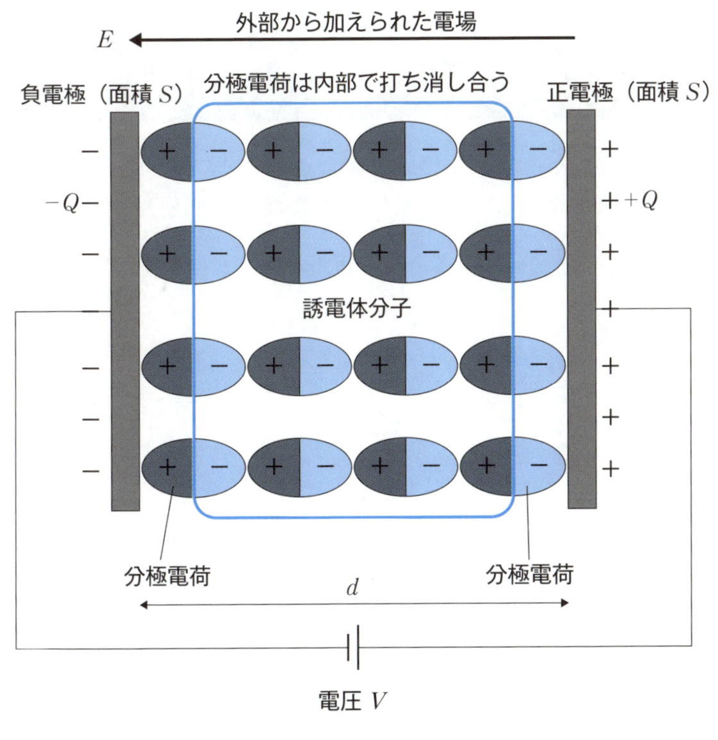

図１−11　誘電分極

誘電体の誘電分極の分極の程度（しやすさ）を表すパラメータを**誘電率**といい、ギリシャ文字のε（イプシロンと発音）で表します。単位は[F/m]です。[F]は静電容量の単位で、ファラッドと発音します。また、真空の誘電率ε_0（$\approx 8.85\times 10^{-12}$ [F/m]）との比であるε_rを比誘電率といいます。単位はありません。ε_rは誘電体によって決まる固有の値です。

$$\varepsilon_r = \frac{\varepsilon}{\varepsilon_0} \qquad (1-12)$$

このように、２枚の平板電極で誘電体を挟むことにより電荷を蓄えるようにした構成の電子デバイスをコンデンサといいます。

1−8 コンデンサと静電エネルギー

コンデンサの基本式について説明します。図1−11において、正負電極の面積をS、電極間距離をdとし、両電極に帯電した単位面積当たりの電荷を$+q$ $\left(=\frac{+Q}{S}\right)$、$-q\left(=\frac{-Q}{S}\right)$とすると、電極間の電場$E$は、ガウスの法則から

$$E=\frac{q}{\varepsilon}=\frac{\frac{Q}{S}}{\varepsilon}=\frac{Q}{\varepsilon S}$$

$$=\frac{Q}{\varepsilon_0\varepsilon_r S} \qquad (1-13)$$

となります。

電極間距離dの平行平板電極に電位差（電圧）Vを加えると、電極間の電場の大きさEは

$$E=\frac{V}{d} \qquad (1-14)$$

で与えられます。この電場の大きさEを**平等電界**といい、電極間の電位勾配を意味します。図1−11に示すように、電界の方向は電位の高い方から低い方に向かいます。

また、電極面積が等しい平行平板電極の場合は、正負電極間の電界Eは、正電極と負電極がそれぞれつくる電界$\frac{E}{2}$の和$\left(\frac{E}{2}+\frac{E}{2}\right)$となります。

式（1−14）を式（1−13）に代入します。

$$\frac{V}{d}=\frac{Q}{\varepsilon S}$$

より、

$$Q=\varepsilon S\frac{V}{d}\equiv CV \qquad (1-15)$$

とおくと、

$$C=\frac{\varepsilon S}{d} \qquad (1-16)$$

が得られます。このCを**静電容量**または**キャパシタンス**といいます。単位は[F]（ファラッドと発音）です。静電容量Cは電極面積Sに比例し、電極間距離dに

反比例します。また、電極面積 S と電極間距離 d が同じであれば誘電率 ε が大きいほど静電容量は大きくなります。

また、正負電極の電荷量 $Q\,[C]$、静電容量 $C\,[F]$、電圧 $V\,[V]$ との間には次式が成り立ちます。

$$Q=CV \qquad (1-17)$$

コンデンサに蓄えられる静電エネルギーは、次のようにして求めることができます。

両電極に帯電した電荷 $+Q$ と $-Q$ により両電極は互いに引き合います。引き合う力（クーロン力）を F とすると、式（１－７）より、両電極が受ける力はどちらも

$$F=Q\frac{E}{2} \qquad (1-18)$$

となり、電極間距離には依存しません。

いまかりに、正電極を負電極の位置からクーロン力に逆らって現在地である距離まで引き離したとします。このときに要する仕事 $W\,[J]$ は、「クーロン力 × 移動距離」なので

$$W=F\times d=Q\frac{E}{2}\times d=CV\cdot\frac{\frac{V}{d}}{2}\times d$$

$$=\frac{1}{2}CV^2 \qquad (1-19)$$

となります。これがコンデンサに蓄積される**静電エネルギー**になります。静電エネルギー W は静電容量 C を一定とすると電圧 V の二乗に比例します。

1－9 オームの法則とキルヒホッフの法則

断面積 $S\,[m^2]$、長さ $L\,[m]$ の導体に電圧 $V\,[V]$ を加えると導体に電流 $I\,[A]$ が流れます。**電圧 V と電流 I の間には次の比例関係（線形関係）が成り立ちます。**この関係を**オームの法則**※注といいます。

$$V = R \cdot I \qquad (1-20)$$

比例係数 R は抵抗（単位は $[\Omega]$、オームと発音）になります。

導体の抵抗 $R\,[\Omega]$ は次式で与えられます（図1－12）。

$$R = \rho \frac{L}{S} \qquad (1-21)$$

導体の抵抗 R は長さ L に比例し、断面積 S に反比例します。係数 ρ は**抵抗率**（または固有抵抗）といいます。単位は $[\Omega \cdot m]$（オームメータと発音）です。また、ρ の逆数 $\frac{1}{\rho} = \sigma$ は**導電率**といいます。単位は $[1/(\Omega \cdot m)]$ または $[℧/\mathrm{m}]$（℧はモーと発音）です。

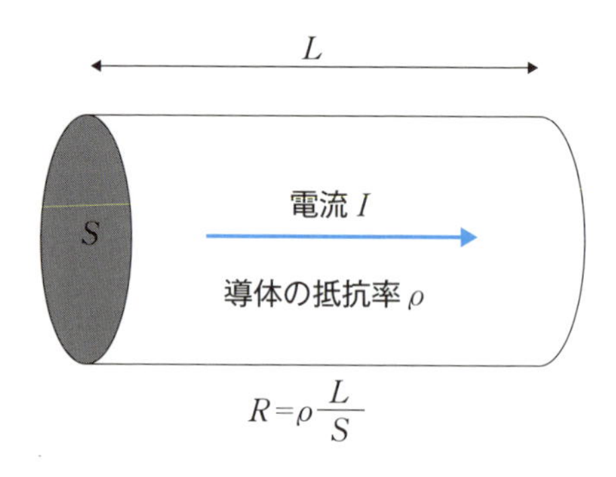

図1－12　導体の抵抗

キルヒホッフの法則※注**は2つの法則からなります。第1法則と第2法則です。第1法則は回路網における電流保存の法則で、電流則ともいいます。**

※注：オームの法則とキルヒホッフの法則については、姉妹書「例題で学ぶ　はじめての電気回路」を参照。

回路網の任意の節点（分岐点）において流入した電流の総和と流出した電流の総和が等しい。

図１－13（a）の例では、

$$I_1+I_2+I_5=I_3+I_4$$

となります。

第２法則は閉回路における電圧に関する法則で、電圧則ともいいます。

回路網の任意の閉回路の起電力（電圧）の総和と抵抗の電圧降下の総和が等しい。

図１－13（b）の例では、

$$E_1+E_2-E_3=R_1I_1+R_2I_2-R_3I_3+R_4I_4$$

となります。

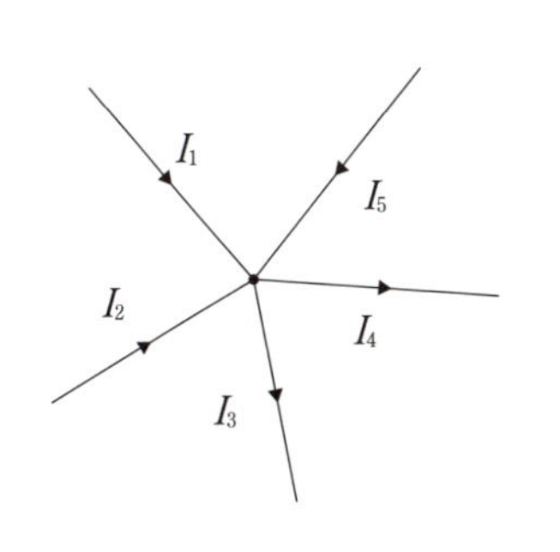

（a）第１法則

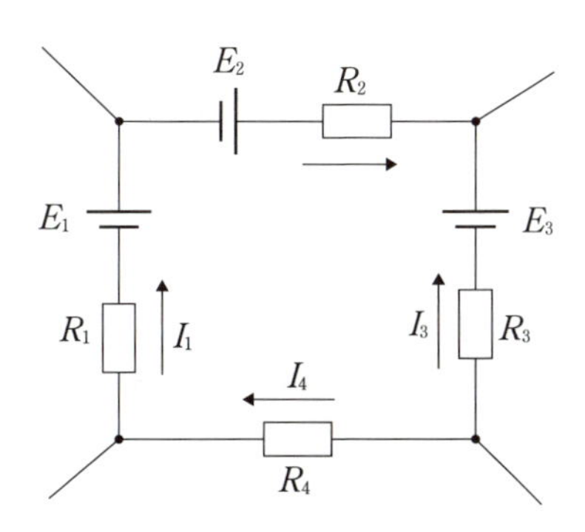

（b）第２法則

図１－13　キルヒホッフの法則

1－10 磁極と磁場

磁石には N 極と S 極があり、N 極から S 極に向かって磁力線が発生します（図 1 －14）。プラスの電荷からマイナスの電荷方向に電気力線が発生するのと似た現象です。**N 極から出た磁力線は必ず S 極に入ります。N 極から出た磁力線の総数と S 極に入ってきた磁力線の総数は等しくなります。**磁極の磁荷をそれぞれ $\pm m$ [Wb] とすると、N 極からは $\frac{m}{\mu_0}$ [本] の磁力線が出て、S 極には $\frac{m}{\mu_0}$ [本] の磁力線が入ります。[Wb] は磁荷の単位で、ウェーバと発音します。

N 極と S 極のことを**磁極**といい、磁極がもつ磁気量を**磁荷**といいます。磁極は単独では取り出すことができず、必ずペアーで存在します。磁気量が同じ N 極と S 極のペアーを磁気双極子といいます。N 極と S 極は互いに引き合い、同じ極同士は反発します。

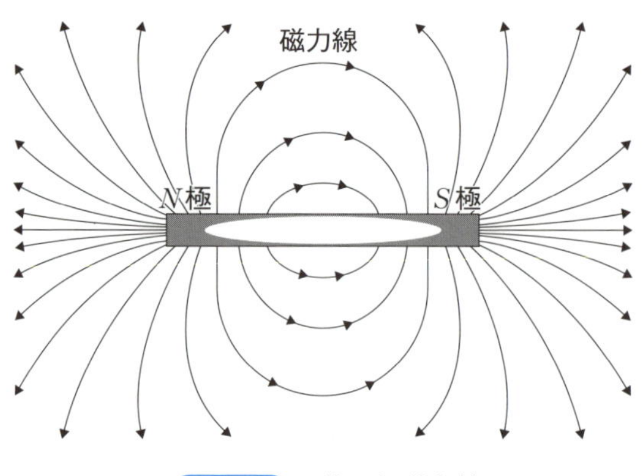

図 1 －14　磁石と磁力線

2 つの磁極の磁荷をそれぞれ m_1 [Wb]、m_2 [Wb] とすると、m_1 と m_2 の間には**磁力**が働きます。電荷の場合と同じように**クーロンの法則**が成り立ちます。磁力が作用する空間を**磁場**といいます。

磁力 F [N]（単位 [N] はニュートン）は

$$F = \frac{m_1 m_2}{4\pi\mu_0 r^2} \qquad (1-22)$$

で与えられます。ここで、r [m] は磁極間の距離です。$\mu_0 = 4\pi \times 10^{-7}$ [N/A^2] は

真空の透磁率で、$[A]$ は電流の単位でアンペアです。

真空中でなく、物質中では物質の透磁率を μ $[N/A^2]$ とすると、磁力は

$$F=\frac{m_1 m_2}{4\pi\mu r^2} \qquad (1-23)$$

となります。μ と μ_0 の間には

$$\mu=\mu_r\mu_0 \qquad (1-24)$$

の関係があります。μ_r は比透磁率といいます。物質に固有の値です。単位はありません。

磁場の大きさが $H\,[N/Wb]$ の空間に磁荷 m $[Wb]$ をおいたとき、この磁荷が F $[N]$ の磁力を受けたとすると、以下の関係が成り立ちます。

$$F=mH \qquad (1-25)$$

式を書き換えて

$$H=\frac{F}{m} \qquad (1-26)$$

とすると、$H\,[N/Wb]$ は単位磁荷あたりに受ける磁力になります。すなわち、H は単位磁荷が受ける磁場（磁力）の大きさで、**磁場の強さ**といいます。

1－11 磁場におけるガウスの法則

真空中で磁極 m [Wb] から距離 r [m] 離れたところの磁場の強さ H [N/Wb] は、次式で与えられます。

$$H=\frac{m}{4\pi\mu_0 r^2} \quad (1-27)$$

ベクトル表記は、単位ベクトルを $\frac{\boldsymbol{r}}{|\boldsymbol{r}|}$ とすると

$$\boldsymbol{H}=\frac{m}{4\pi\mu_0 r^2}\frac{\boldsymbol{r}}{|\boldsymbol{r}|}$$

です。

または、透磁率 μ の物質の場合は

$$H=\frac{m}{4\pi\mu r^2} \quad (1-28)$$

です。

また、磁場の強さ H のところでは、単位面積を垂直に貫く磁力線の本数は H 本であると定義します。したがって、磁場の強さ H のところで面積 S [m^2] を貫く磁力線の本数 N [本] は

$$N=H\times S \quad (1-29)$$

となります。

半径 r [m] の球体の中心におかれた N 極の磁極 $+m$ [Wb] から球体の全表面を貫く磁力線の総数は

$$N=H\times S=\frac{+m}{4\pi\mu_0 r^2}\times 4\pi r^2=+\frac{m}{\mu_0} \text{ [本]}$$

となります。一方で、磁極は単独では取り出せないので、S 極の磁極 $-m$ [Wb] に入ってくる磁力線は

$$N=H\times S=\frac{-m}{4\pi\mu_0 r^2}\times 4\pi r^2=-\frac{m}{\mu_0} \text{ [本]}$$

であると考えます。

すなわち、**球体の表面で出入りする磁力線の総数は 0 になります。これは磁場におけるガウスの法則といわれており、N 極または S 極単独では存在することはできないということを意味しています。**

1－12 磁束と磁束密度

磁束とは、磁極 m [Wb] から出た磁力線の束を m [本] と定義したものです。

磁場の場合は、磁極から出る磁力線の総本数は$\frac{m}{\mu_0}$ [本] になります。本数の決め方が異なります。電気力線と電束の関係に似ています。

磁束密度は、磁束 m [Wb] (＝m [本]) が面積 S [m^2] を貫いたとすると、単位面積あたりの磁束$\frac{m}{S}$ [Wb/m^2] を磁束密度といいます。磁束密度は B [Wb/m^2] のように表します。磁束密度 B と磁場の強さ H との間には次式が成り立ちます。

$$B=\mu_0 H \quad (1-30)$$

半径 r [m] の球体の中心に磁荷 m [Wb] をおいたと仮定すると、球体の表面を貫く磁束は m [本] になるので、磁束密度は

$$B=\frac{m}{4\pi r^2}\ [Wb/m^2]$$

になります。

球面上の磁場の強さ H は、式（1－27）から

$$H=\frac{m}{4\pi\mu_0 r^2}$$

となるので

$$H=\frac{m}{4\pi\mu_0 r^2}=\frac{m}{4\pi r^2}\frac{1}{\mu_0}=B\frac{1}{\mu_0}$$

より

$$B=\mu_0 H$$

の式が得られます。

1−13 電流と磁場の関係（アンペールの右ネジの法則と周回路の法則）

導体に電流を流すと導体のまわりに磁場が発生します。電流の流れる方向と磁場の方向は右ネジの関係にあります。ネジを右回りに回すとネジは先に進みます。ネジの右回りの方向を磁場の方向（磁力線の方向）とすると、ネジの進む方向が電流の方向になります。これを**アンペールの右ネジの法則**といいます（図1−15）。

導体から距離 $r\,[m]$ の位置の磁場の強さ H は

$$H = \frac{I}{2\pi r}\ [A/m] \qquad (1-31)$$

で与えられます。$I\,[A]$（$[A]$ は電流の単位）は導体を流れる電流です。

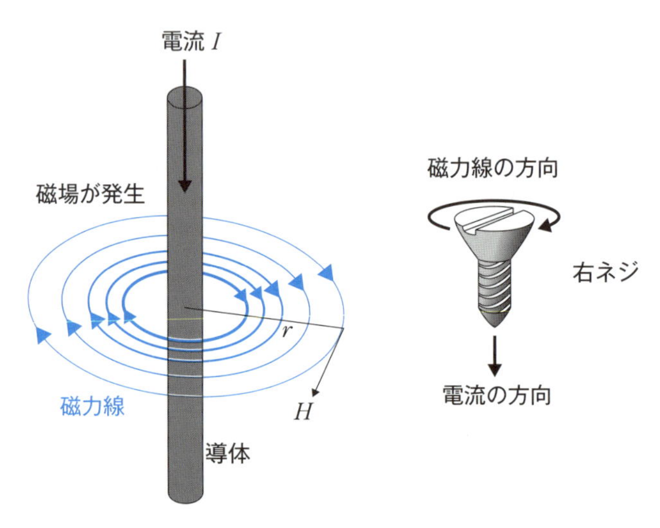

図1−15　アンペールの右ネジの法則

磁力線の任意の周回路をとり、これを n 等分し、その微小長さを Δl_i、その場所の磁界を H_i とします（図1−16）。

両者の積 $H_i\Delta l_i$（ベクトル計算では内積と呼ぶ※注）をすべての区間、すなわち1周分の和をとると

※注：内積については、付録Dを参照。

$$\sum_{i=1}^{n} H_i \Delta l_i$$

のように表すことができます。

Δl_i を限りなく小さくすると

$$\lim_{n \to \infty} \sum_{i=1}^{n} H_i \Delta l_i = \oint Hdl$$

となり、電流 I に等しくなります。記号 $\oint$ は閉じた経路にそって１周分積分するという意味です。

すなわち、

$$\oint Hdl = \frac{I}{2\pi r} \cdot 2\pi r = I \qquad (1-32)$$

です。

これを**アンペールの周回路の法則**または**アンペールの法則**といいます（図１－16）。

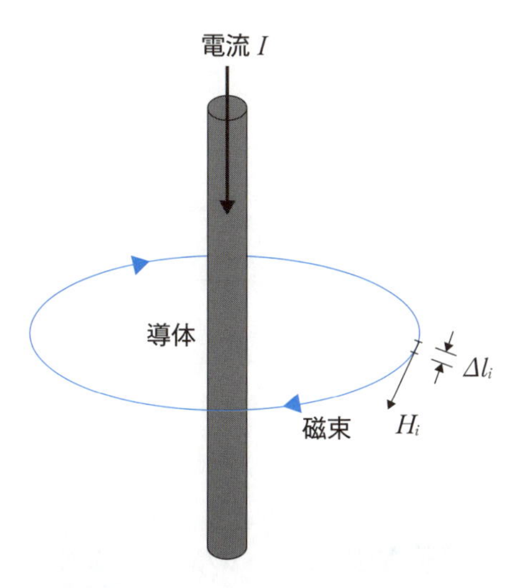

図１－16　アンペールの周回路の法則

1－14 電流と磁場の関係（ビオ・サバールの法則）

電流 $I\,[A]$ が流れている導体の微小部分 Δl から距離 $r\,[m]$ 離れた点 P の磁界の強さを $\Delta H\,[A/m]$ とします（図1－17）。

ΔH は次式で与えられます。これを**ビオ・サバールの法則**といます。

$$\Delta H = \frac{I \cdot \Delta l}{4\pi r^2} \sin\theta \qquad (1-33)$$

この式をビオ・サバールの法則といます。ここで、角度 $\theta\,[°]$（ギリシャ文字でシータと発音）は、微小部分 Δl の中心 C と接する直線（接線という）と中心 C から点 P の間に引いた直線とのなす角度です。

磁界 ΔH の方向は、右ネジの法則から紙面の表から裏に向かう方向です。**ネジの頭を意味する⊗（クロス）のように表します。紙面の裏から表に向かう方向の場合は⊙（ドット）を使います。**

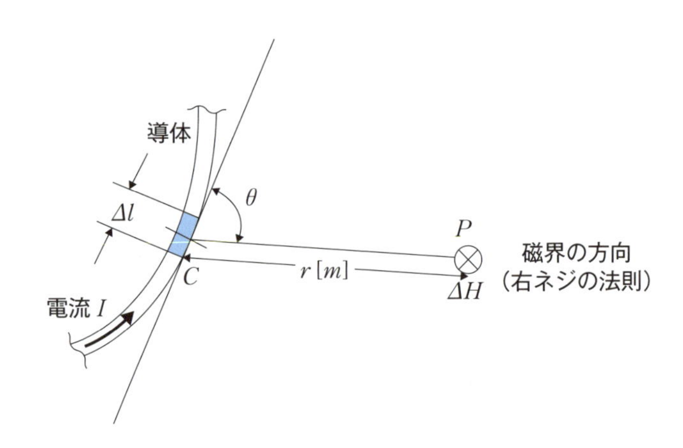

図1－17 ビオ・サバールの法則

1－15 フレミングの左手の法則とローレンツ力

対応したN極とS極がつくる磁場の中に、磁力線に直角方向に導線を入れ、導線に電流を流すと、導線は磁力線と電流の双方に直角に電磁力を受けます（図1－18）。この電磁力のことを**ローレンツ力**といいます。**左手を用いて、人差し指を磁界の方向に、中指を電流方向にとると親指が電磁力になります。これをフレミングの左手の法則といいます。**

電流、磁場、電磁力の方向は**クロス**（紙面表から裏の方向）または**ドット**（紙面裏から表の方向）で表現します。

電磁力の大きさ$F[N]$は、磁界の磁束密度$B[T]$（$[T]$は磁界の磁束密度の単位で、テスラと発音、$[T]\equiv[Wb/m^2]$です）、導線を流れる電流の大きさを$I[A]$、導線の磁界中の長さを$l[m]$とすると、磁場と電流と導線の3つの方向が直交するとき次式が与えられます。

$$F=BlI \tag{1－34}$$

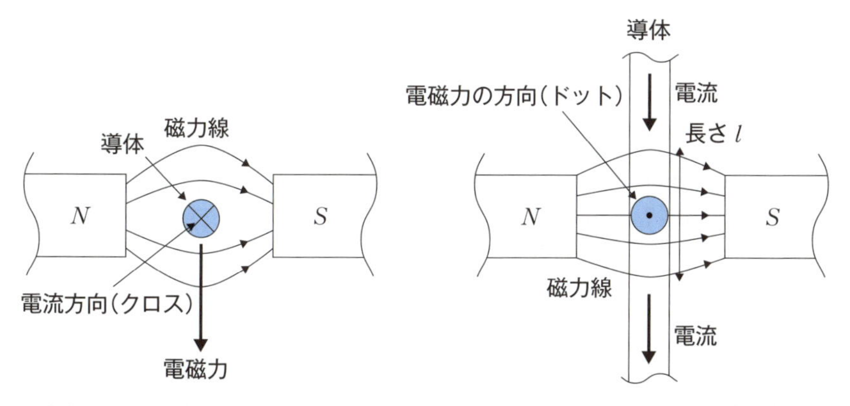

（a）電流は紙面表から裏の方向　（b）電磁力は紙面裏から表の方向

図1－18　フレミングの左手の法則

1－16 磁気回路

リング状の鉄心に導線を巻き、導線に電流を流すと鉄心内に磁束が発生します(図1－19)。リング状の鉄心のことを環状鉄心といいます。磁束を発生させる発生源を**起磁力**といいます。起磁力は F_m で表します。単位は $[A]$（アンペア）です。また、磁束の発生を妨げるものを**磁気抵抗**といいます。磁気抵抗は R_m で表します。単位は $[H^{-1}]$（毎ヘンリーと発音）です。

磁束 $\phi\,[Wb]$ は導線を巻いた巻き数 N[本] と電流の大きさ $I\,[A]$ に比例するので、起磁力 F_m と磁気抵抗 R_m は次のように表すことができます。

$$F_m = IN \qquad (1-35)$$

$$R_m = \frac{l}{\mu S} \qquad (1-36)$$

ここで、$l\,[m]$ は環状鉄心の磁路の長さです。**磁路長**といい、磁気回路の長さを表します。

環状鉄心の半径を $r\,[m]$ とすると磁路長は $l = 2\pi r\,[m]$ となります。$S\,[m^2]$ は環状鉄心の断面積で、$\mu\,[N/A^2]$（A はアンペア）は環状鉄心の透磁率です。

起磁力 F_m と磁気抵抗 R_m、磁束 ϕ の間には

$$\phi = \frac{F_m}{R_m} \qquad (1-37)$$

の関係が成り立ちます。これを**磁気回路のオームの法則**といいます。

電気回路の起電力 $E\,[V]$ に相当するのが起磁力 F_m で、抵抗 $R\,[\Omega]$ に相当するのが磁気抵抗 R_m で、電流 $I\,[A]$ に相当するのが磁束 ϕ なのでこのようにいわれます。

オームの法則

$$I = \frac{E}{R}$$

と対比してみてください。

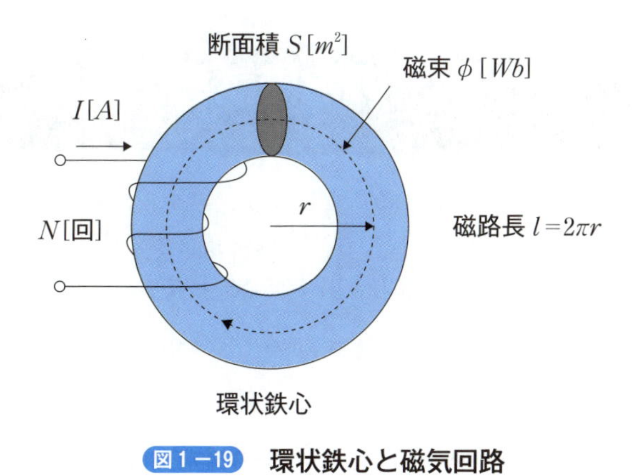

図 1 －19　環状鉄心と磁気回路

1－17 ファラデーの電磁誘導の法則

コイルの中に磁石を出し入れすることにより、コイルに鎖交する磁束が変化します。時間 Δt [s]（s は時間の単位で秒）の間に鎖交する磁束が $\Delta\phi$ [Wb] だけ変化すると、1巻きのコイルに起電力 e [V] が発生します。式で表現すると

$$e = -\frac{\Delta\phi}{\Delta t} \tag{1－38}$$

となります。

コイルの巻き数を N [回] とすれば、コイルの両端には

$$e = -N\frac{\Delta\phi}{\Delta t} \tag{1－39}$$

の電圧が発生します。これを**誘導起電力**または**誘導電圧**といいます。起電力の大きさは、巻き数 N と磁束の時間変化の速さに比例します。式（1－39）を**ファラデーの電磁誘導の法則**といいます。

式（1－39）の負号（－）の意味は、電流と磁束の方向が右ネジの法則に従わない誘導起電力が発生することを意味します。

コイルに電流を流したときの右ネジの法則とコイルに磁石を近づけたときの電流と磁束の関係を図1－20に示します。コイルに磁石を近づけたときのコイルの N 極と S 極が右ネジの法則に従う場合と逆になります。

磁石をコイルに近づけてコイルを貫通する磁束数を増やそうとすると、右ネジの法則に逆らうように逆方向の電流が流れ、増加していく磁束（コイルに入ってくる磁束）を減らすようにコイルには反対方向の磁束を発生させます。逆方向の電流を誘導電流といいます。

逆に、磁石をコイルから遠ざけるとコイルを貫通する磁束が減ってくるので、磁束を増やそうと反対方向の磁束が発生します。

この反対方向の磁束を発生させるための起電力が誘導起電力であり、誘導起電力によって誘導電流が流れます。誘導起電力のことを逆起電力ともいいます。

このような作用を**レンツの法則**または**反作用の法則**といいます。**レンツの法則はファラデーの電磁誘導の法則の負号の意味を説明したものです。**

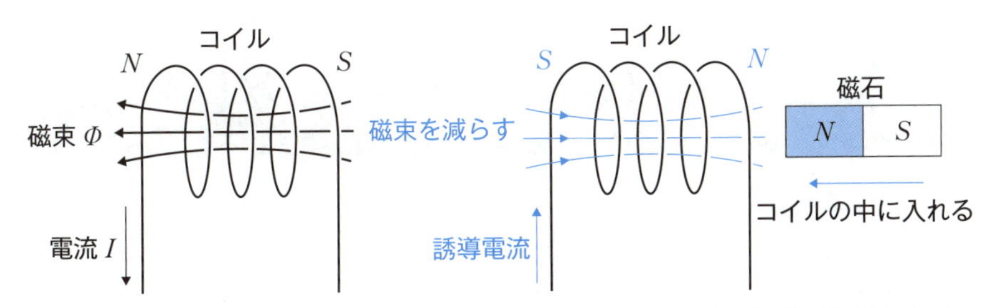

(a) 電流と磁束は右ネジの法則に従う　(b) 電流と磁束は右ネジの法則と逆になる

図1－20　右ネジの法則とファラデーの電磁誘導の法則の違い

1－18 電磁気学の法則を統合したマクスウェルの方程式

これまで説明してきた、オームの法則、キルヒホッフの法則、ビオ・サバールの法則、電磁誘導の法則などすべての電場や磁場の性質、電磁気学現象はマクスウエルの方程式で説明することができます。

マクスウエルの方程式は、以下の4つの式で構成されます。

$$div\,\boldsymbol{D}=\rho \qquad (1-40)$$

$$rot\,\boldsymbol{E}=-\frac{\partial \boldsymbol{B}}{\partial t} \qquad (1-41)$$

$$div\,\boldsymbol{B}=0 \qquad (1-42)$$

$$rot\,\boldsymbol{H}=\frac{\partial \boldsymbol{D}}{\partial t}+\boldsymbol{J} \qquad (1-43)$$

ここで、Eは電場、Dは電束密度、Bは磁束密度、Hは磁場、Jは電流密度$[A/m^2]$です。

E、D、B、H、jはそれぞれのベクトルを意味します。$\frac{\partial}{\partial t}$は時間的な変化を表す記号で、数学では偏微分（他の変数を固定して行う微分のことで、通常の微分と区別してこのように呼びます。記号はdの代わりに∂を使って区別する）といいます。$\rho\,[C/m^3]$は電荷密度で、単位体積当たりの電荷です。

4つの式を簡単に表現すれば、次のようになります。

- 式（1－40）は、電場（電界）の発生源は電荷である。電気力線は電荷から出る。
- 式（1－41）は、磁場（磁界）の時間的な変化は電場を生む（電磁誘導現象）。
- 式（1－42）は、磁場（磁界）にはN極またはS極だけの単磁極は存在しない。磁場はループ状になっている。
- 式（1－43）は、電流と電場の変化は磁場を生む。電流が流れると渦巻き形の磁場が発生する。

最初に、*div*と*rot*について説明します。

div（*divergent*の略）はダイバージェントと発音します。発散の意味をもちます。例えば、$div\,\boldsymbol{D}$は$\boldsymbol{D}$の増加を意味します。ベクトル$\boldsymbol{D}$を(D_x, D_y, D_z)とすると

$$div\ \boldsymbol{D}=\frac{\partial D_x}{\partial x}+\frac{\partial D_y}{\partial y}+\frac{\partial D_z}{\partial z} \quad (1-43)$$

のように表現することができます。$div\ \boldsymbol{D}$ は**スカラー**（方向をもたない大きさのみ）になります。ベクトル $\boldsymbol{D}$ がある微小空間からどれだけ発散しているかを表しています（図1－21）。$div\ \boldsymbol{D}<0$ の場合は吸い込み、$div\ \boldsymbol{D}=0$ の場合は入る量と出る量が等しい場合のイメージを示します。

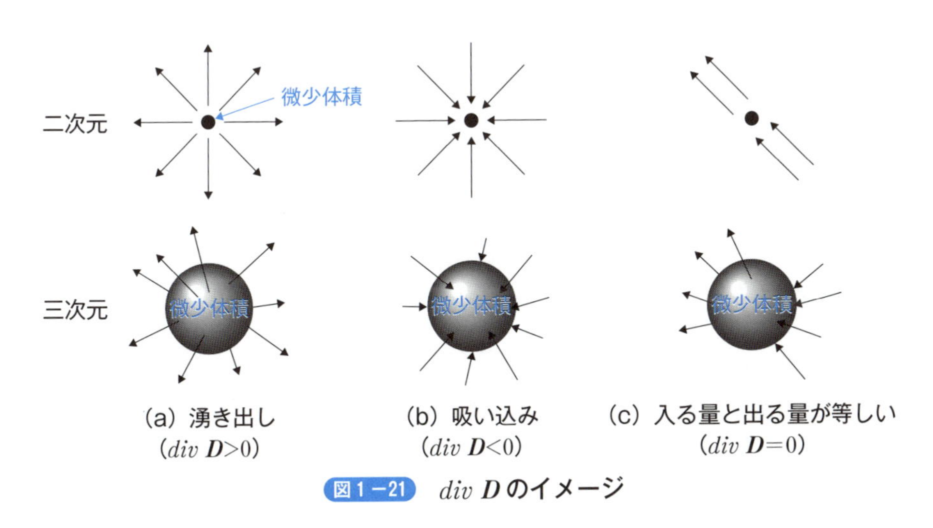

図1－21　$div\ \boldsymbol{D}$ のイメージ

rot（$rotation$ の略）は**ローテイション**と発音します。回転を意味します。例えば、$rot\ \boldsymbol{E}$ が z 軸に向いているとすると、$\boldsymbol{E}$ の回転が xy 平面上で右ネジの方向に生じていると定義します（図1－22）。$rot\ \boldsymbol{E}$ はベクトル（方向と大きさの両方をもつ）になります。

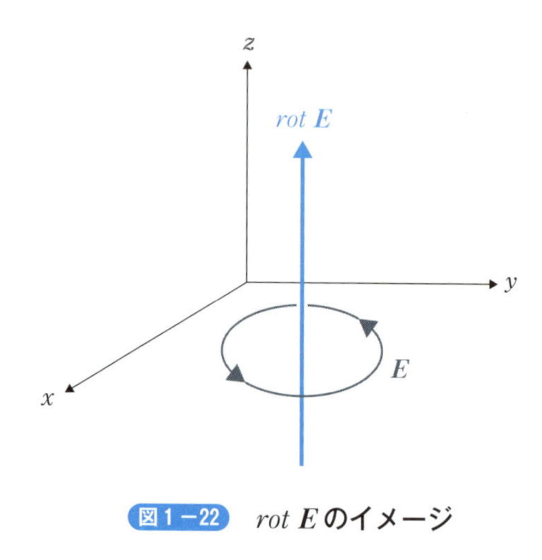

図1−22 $rot\ \boldsymbol{E}$のイメージ

次に、マクスウエルの4つの方程式について簡単に説明します。

◇ $div\ \boldsymbol{D}=\rho$

この式は**ガウスの法則**を説明する式です。ガウスの法則は式（1−8）、式（1−9）で説明しました。図1−21（a）の微小空間に電荷$q\,[C]$をおいたときに、電気力線が周囲に発散していくように電場（電束密度$D\,[C/m^2]$）が生じることを意味します。

◇ $rot\ \boldsymbol{E}=-\dfrac{\partial \boldsymbol{B}}{\partial \boldsymbol{t}}$

この式は**ファラデーの電磁誘導の法則**を説明する式です。この法則については式（1−38）で説明しました。

この式を

$$\frac{\partial \boldsymbol{B}}{\partial t}=-rot\ \boldsymbol{E}$$

のように書き直します。左辺の$\dfrac{\partial \boldsymbol{B}}{\partial t}$は磁束密度$\boldsymbol{B}$が時間的な変化$\left(\dfrac{\partial}{\partial t}\right)$をすることを示しています※注。右辺の$-rot\ \boldsymbol{E}$は磁束（磁束密度$\boldsymbol{B}$）方向に対して右ネジの回転方向と逆回りの電場$\boldsymbol{E}$（誘導起電力または逆起電力）が生じることを意味しています。

※注：図1−20で磁石のコイルへの出し入れに相当する。

◇ $div\ \boldsymbol{B} = 0$

この式は磁場に関するガウスの法則を説明する式です※注1。図１－21の（c）に示すように、磁束密度 $\boldsymbol{B}$ は発散しないことを意味しています。磁石では N 極から出た磁力線はかならず S 極に入ります。このように磁極単独では存在することはできません。$div\ \boldsymbol{B} = 0$ はこのことを意味しています。

◇ $rot\ \boldsymbol{H} = \frac{\partial \boldsymbol{D}}{\partial t} + \boldsymbol{J}$

この式はアンペール・マクスウエルの方程式といいます。アンペールの式（右ネジの法則）$rot\ \boldsymbol{H} = \boldsymbol{J}$ に $\frac{\partial \boldsymbol{D}}{\partial t}$ の部分を追加した式です。アンペールの法則は、導体に電流（電流密度 $\boldsymbol{J}$）が流れたときに電流の方向に対して右回りの磁場（$\boldsymbol{H}$）が生じる法則です※注2。

$\frac{\partial \boldsymbol{D}}{\partial t}$ の部分は電束密度 $\boldsymbol{D}$ の変化を意味します。$rot\ \boldsymbol{H} = \frac{\partial \boldsymbol{D}}{\partial t}$ のように考えると、電束密度の変化は、電流が流れているように振る舞い、これが右ネジの法則に従う方向に磁場 $\boldsymbol{H}$ を生じさせていることを意味します。そのため $\frac{\partial \boldsymbol{D}}{\partial t}$ を変位電流といいます。

コラム

◇ラプラス

ラプラス（*Pierre－Simon Laplace*、1749－1827年）はフランスの科学者であり、数学者です。農家に生まれ、少年時代は神学を志していましたが、青年期に数学の才能に目覚め、パリにでてからその才能を大いに発揮しました。ラプラスの業績は多岐にわたっています。微分方程式から確率論、解析学、力学、熱力学、天文学などの広い分野です。

※注１：１－11節を参照。
※注２：１－13節を参照。

図1－23　ラプラスの肖像画

◇アンペール

アンドレ・マリー・アンペール（*Andre−Marie Ampere*、1775─1836年）はフランスの科学者です。電流が流れる2本の導線が磁力によって互いに力を及ぼし合う法則を発見しました。2本の導線間に働く力は電流の向きが同じ場合は反発力、電流の向きが異なる場合は吸引力になることを発見しました。この法則の説明に使われたのがアンペールの右ネジの法則です。電流の単位“アンペア”は彼の名前に由来しています。

図1－24　アンペールの肖像画

◇ファラデー

マイケル・ファラデー（*Michael Farady*、1791－1868年）はイギリスの物理学者です。ファラデーは貧乏な家庭に育ち小学校しか卒業しておりません。製本工場で見習工として働いておりました。製本屋でさまざまな本に出合いました。特に、科学の本に興味をもち夢中で読んだそうです。ファラデーの最大の功績は電磁誘導の原理の発見です。電線に電流を流すと磁気作用で電線の周りに磁気が発生することを見出し、逆に、磁気から電気が発生しないかと考え、中空の円筒状のコイルの中に棒磁石を出し入れするとコイルに電流が流れることを発見しました。これらはファラデーの電磁誘導の法則の原点です。

図1－25　ファラデーの肖像画

◇マクスウェル

ジェームズ・クラーク・マクスウェル（*James Clerk Maxwell*、1831－1879年）は、19世紀を代表する物理学者です。スコットランドの貴族の家系に生まれました。ロンドン大学やケンブリッジで教授を務め、イギリスの科学者であるヘンリー・キャヴェンディッシュの講座の教授にもなりました。邸宅には実験室を設け、いろいろな実験をしたようです。

マクスウェルは電磁場の概念を物理学に導入しました。マクスウェルが物理学に与えた影響は広い範囲に及んでいます。マクスウェルはいち早く電磁場の理論にベクトルを取り入れ、回転（*curl*）、発散（*divergence*）や収束（*convergence*：マイナスの発散）、勾配（*gradient*）といった用語を導入しました。

図1－26　マクスウェルの肖像画

第 2 章

電荷と電界

電荷がつくる静電場と静電現象について説明します。物体を摩擦したときに生じる帯電現象、電荷間に働く静電力、電荷がつくる電界と電界の強さ、さらに電荷間で出し入れする電気力線と仮想電気力線である電束について説明します。最後に、電位と電位差、静電容量とコンデンサについて説明します。これらは例題を用いてやさしく説明します。

2－1 静電現象

ガラス棒や下敷を布でこすると、これらの物体は帯電し物体の表面には電荷が生じます。ガラス棒を絹の布でこするとガラス棒は正の電荷が、絹の布には負の電荷が帯電します。また下敷きを布でこすったあと髪の毛に近づけると髪の毛は逆立ちます。このとき下敷きは負に帯電し、髪の毛は正に帯電します。また、エボナイト棒（硬く光沢をもったゴムの一種で、電気絶縁材や機械の軸受け、万年筆素材などに利用されている）を毛皮でこするとエボナイト棒は負に帯電し、毛皮は正に帯電します。

このように物体が電荷を帯びる現象を帯電といい、帯電した物体を帯電体といいます。帯電した電荷は物体に静止しているので、**静電気**（*static electricity*）と呼ばれています。静電気による現象を**静電現象**といいます。

また、帯電体を物体に近づけたときに帯電体に近い側に帯電体と異種の電荷が現れ、反対側には同種の電荷が現れます。このような現象を**静電誘導**（*electrostatic induction*）といいます。

静電気の帯電量をはかる装置に**箔検電器**があります（写真2－1、図2－1）。2枚の金属箔を金属棒の先端に取り付け垂らしておきます。空気の流れや空気の動揺を防ぐために、金属箔をガラス瓶の中にいれておきます。2枚の金属箔は帯電していないときは重力により垂れています。金属棒を通して箔を帯電させると2枚の箔は互いに反発して開きます。帯電量の大きさによって箔の開く角度が異なるので帯電量を比較することができます。

箔検電器の金属棒の上部に取り付けられた金属板（ガラス瓶の外側）に負に帯電した帯電体を近づけます（金属板に接触させない）。金属板は帯電体と反対符号の正電荷を帯電します。これにより金属棒先端の2枚の箔は金属板と反対符号である負電荷を帯電し、2枚の箔は開きます（図2－2）。帯電体を遠ざけると金属箔への帯電がなくなるので、2枚の金属箔は閉じます。

写真2－1　箔検電器

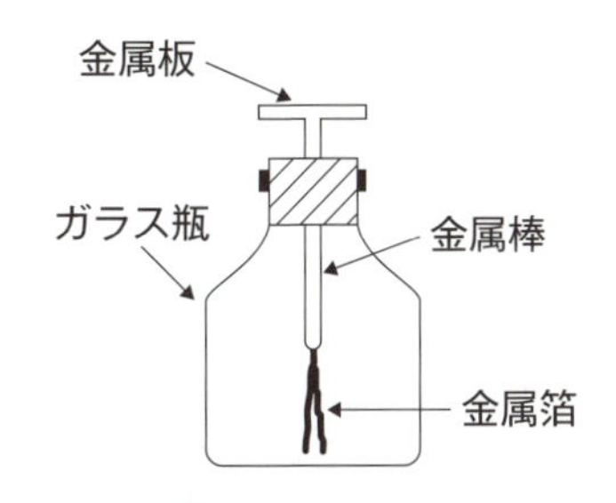

図2－1　箔検電器の構成

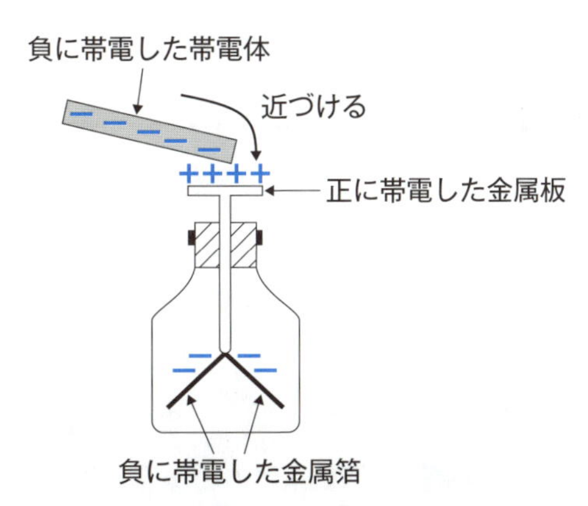

図2－2　箔検電器の動作

このように、物体が正または負に帯電するということは、摩擦した相手側はその逆の負または正に帯電することを意味します。物体と相手側の全体を考えたときに帯電した総電気量は、変わることなく不変であるといえます。別の言い方をすれば、電荷は何もないところから生まれたり消滅したりすることはありません。電荷のやり取りをするときには、その前後で電荷量（または電気量）の総和は変化することはありません。

このことを**電荷保存の法則**または**電荷保存則**といいます。

［例題 2 − 1］

上記の図 2 − 2 において、帯電体を箔検電器の金属板に接触させたときと、その後帯電体を取り除いたときに 2 枚の金属箔はどのようになるのか答えなさい。

［解答］

帯電体を金属板に接触させたときは、図 2 − 3（a）に示すように、帯電体の負電荷が金属棒を通して金属箔に移動するので 2 枚の金属箔は広がります。帯電体を近づけたときより直接金属板に接触したときは金属箔の帯電量が多くなるので、箔の広がりは帯電体を近づけたときより大きくなります。

帯電体を遠ざけたときは、同図（b）に示すように、金属板と金属箔には負電荷が残るので、金属箔は少し開いた状態を維持します。

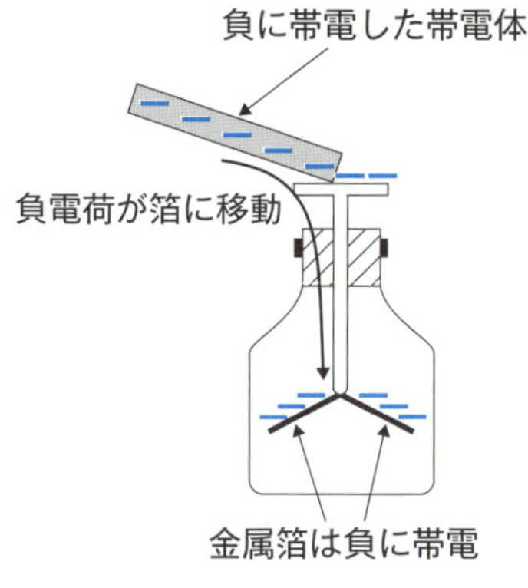

（a）帯電体を金属板に接触

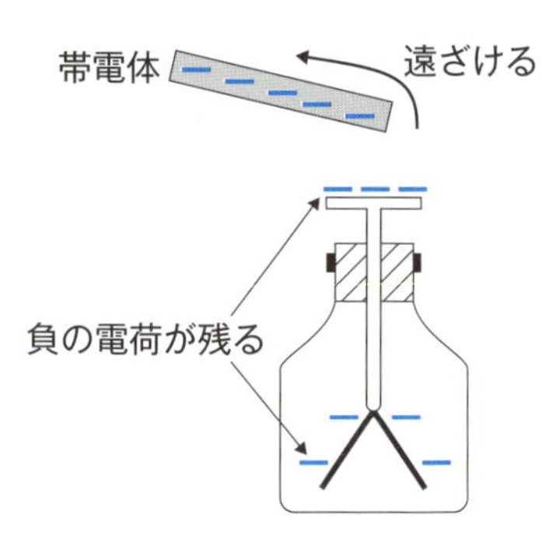

（b）帯電体を金属板から遠ざける

図 2 − 3　箔検電器の動作その 2

答：図 2 − 3 の説明

［例題２－２］

球状導体 A、B、C が図２－４のように配置されている。導体 A に正電荷を帯電させたときの導体 B と C の説明について誤りがあれば訂正しなさい。

(1)　導体 C に静電誘導が生じる。

(2)　導体 C 内に電界が生じる。

(3)　導体 B の表面に負の電荷が誘起される。

(4)　導体 C の電位が変化しても導体 B の電位は変化しない。

(5)　導体 C を接地すると導体 B が静電シールドされる。

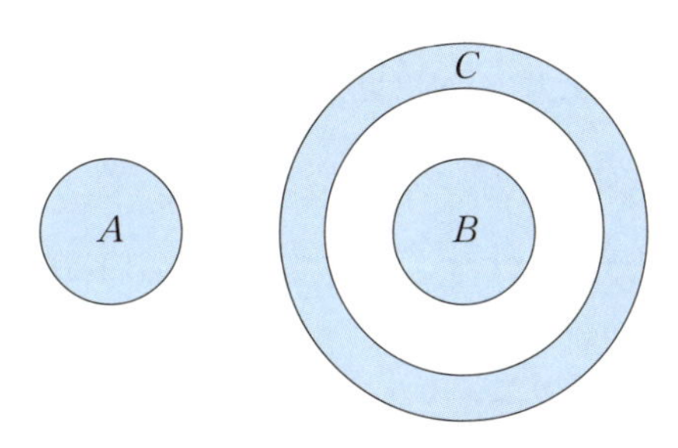

図２－４　球状導体 A、B、C の配置

［解答］

(1)は正しいです。図のように球状導体が配置されたときに球状導体 A に正電荷を与えると、その周りに電場（電界）が生じ、その電場にある導体 C の表面に静電誘導が生じます。導体 C の表面の左側には負の電荷が、右側に正の電荷が現れます。

(2)は誤りです。後述するガウスの法則※注から、球状導体 C の内部には電気力線は入らないので電界は生じません。

(3)は誤りです。導体 C の内部の電界がゼロということは導体 C の内部の電位はすべて導体 C の表面電位と同じことを意味します。

(4)は誤りです。上記(3)の理由から、導体 C の電位が変化すると導体Ｂの電位も変化します。導体 B と導体 C の電位は等電位であるといえます。

(5)は正しいです。導体 C を接地すると導体 C の表面電位は大地と同じ（電位がゼロ）になり、導体 B は静電シールドされます。シールドとは電磁気的な遮蔽のことで、静電界を遮蔽することを静電シールドといいます。

答：誤りは(2)、(3)、(4)　訂正は上記のとおり。

※注：９－２－２節を参照。

2－2 静電力と誘電率

正に帯電した帯電体と負に帯電した帯電体を近づけると、お互いに引き合います。また、正に帯電した帯電体同士（または負電荷に帯電した帯電体同士）を近づけると、お互いに反発します。このように異種の電荷間には**吸引力**が、同種の電荷間には**反発力（斥力）**が働きます。この力を**静電力**または**クーロン力**といいます。

真空中または空気中に点電荷 q_1 [C] と q_2 [C] を距離 r [m] 離しておいたときに、これらの間に働く**静電力** F [N] は次のように表されます。

$$F = k\frac{q_1 q_2}{r^2} \qquad (2-1)$$

ここで、係数 k は比例定数です。2つの点電荷の間に働く静電力 F は、両電荷の積 $q_1 q_2$ に比例し、電荷間の距離 r の二乗に反比例します。また、静電力 F の向きは両電荷を結ぶ直線状にあります。この現象を**クーロンの法則**（*Coulomb's law*）といいます。

比例定数 k は $\frac{1}{4\pi\varepsilon}$ で与えられます。ε は誘電率と呼ばれ、物質（電磁気では誘電体という）によって異なります。単位は [F/m]（ファラド毎メートルと発音）です。

真空の誘電率は ε_0 と表し、$\varepsilon_0 \approx 8.85\times10^{-12}$ [F/m] です。

真空中の比例定数は

$$k = \frac{1}{4\pi\varepsilon_0} = \frac{1}{4\pi\times8.85\times10^{-12}} \approx 9\times10^9\ [N\cdot m^2/C^2](=[m/F]) \qquad (2-2)$$

となります。

また、誘電率 ε と真空の誘電率 ε_0 の比を**比誘電率**といいます。比誘電率は ε_r で表します。比誘電率は物質固有の値になります。物質の比誘電率を表2－1に示します。

$$\varepsilon_r = \frac{\varepsilon}{\varepsilon_0} \qquad (2-3)$$

真空中の静電力 F [N] は、式（2－1）より

$$F = \frac{1}{4\pi\varepsilon_0} \times \frac{q_1 q_2}{r^2} = 9 \times 10^9 \times \frac{q_1 q_2}{r^2} \qquad (2-4)$$

となります。

空気と真空の比誘電率の値はほぼ同じ値（$\varepsilon_r \fallingdotseq 1$）であるので、空気中でも上記の式（2－4）をそのまま使用することができます。

表2－1　物質の比誘電率

物質	比誘電率 ε_r
雲母	4.5～75
エポキシ樹脂	2.5～6.0
エボナイト	2.5～2.9
紙	2.0～2.5
空気	1.000586
ガラス	3.7～10.0
ケイ素	3.5～5.0
ゴム（生）	2.1～2.7
シリコン樹脂	3.5～5.0
セルロイド	4.1～4.3
真空	1.0
磁器	4.0～7.0
ダイヤモンド	16.5
ナイロン	3.5～5.0
水	80
マイカ	4.5～7.5

[例題2－3]

真空中に2つの電荷 $q_1 = 5$ [μC]、$q_2 = 10$ [μC] が距離20 [cm] 離れておかれている。両電荷に働く静電力の大きさと向き（反発力または吸引力）を求めなさい。

[解答]

式（2－4）を使います。q_1 と q_2 は正電荷です。

$q_1 = 5\,[\mu C] = 5 \times 10^{-6}\ [C]$、$q_2 = 10\,[\mu C] = 10 \times 10^{-6}\ [C]$、$r = 20\ [cm] = 0.2\ [m]$ を代入します。

$$F = 9 \times 10^9 \times \frac{q_1 q_2}{r^2} = 9 \times 10^9 \times \frac{5 \times 10^{-6} \times 10 \times 10^{-6}}{0.2^2} = 11.25\ [N]$$

静電力は、正電荷同士（同種）なので、両電荷が並ぶ直線上で11.25 $[N]$ の反発力になります。

答：11.25 $[N]$ の反発力

［例題２－４］

真空中に２つの電荷 $q_1 = 4\,[\mu C]$、$q_2 = -6\,[\mu C]$ が距離40 $[cm]$ 離れておかれている。両電荷に働く静電力の大きさと向き（反発力または吸引力）を求めなさい。

［解答］

同様に、式（２－４）を使います。q_1 は正電荷、q_2 は負電荷です。

$q_1 = 4\,[\mu C] = 4 \times 10^{-6}\ [C]$、$q_2 = -6\,[\mu C] = -6 \times 10^{-6}\ [C]$、$r = 40\ [cm] = 0.4\ [m]$ を代入します。

$$F = 9 \times 10^9 \times \frac{q_1 q_2}{r^2} = 9 \times 10^9 \times \frac{4 \times 10^{-6} \times (-6 \times 10^{-6})}{0.4^2} = -1.35\ [N]$$

静電力は、異種の電荷間なので、両電荷が並ぶ直線上で1.35 $[N]$ の吸引力になります。

答：1.35 $[N]$ の吸引力

[例題２－５]

真空中に３つの電荷 $q_1=10$ [μC]、$q_2=-5$ [μC]、$q_3=15$ [μC] が直線状にそれぞれ距離 $r_1=60$ [cm]、$r_2=40$ [cm] 離れておかれている（図２－５）。各電荷に働く静電力の大きさ F_{12} と F_{23} を求めなさい。また、電荷 q_2 の静電力の向き（q_1 の方向または q_2 の方向）を求めなさい。

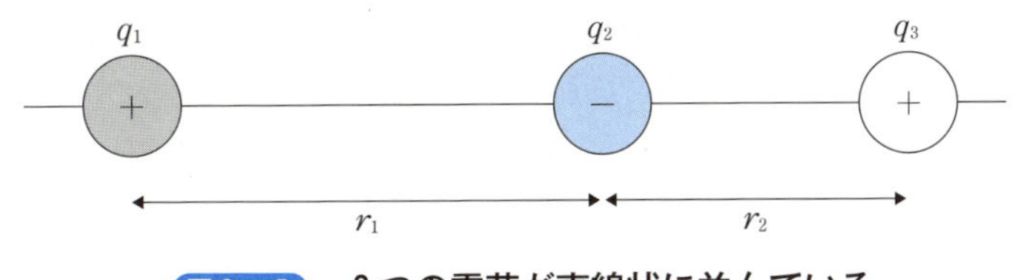

図２－５　３つの電荷が直線状に並んでいる

[解答]

同様に、式（２－４）を使います。q_1 と q_3 は正電荷、q_2 は負電荷です。

$q_1=10$ [μC] $=10\times10^{-6}$ [C]、$q_2=-5$ [μC] $=-5\times10^{-6}$ [C]、$q_3=15$ [μC] $=15\times10^{-6}$ [C]、$r_1=60$ [cm] $=0.6$ [m]、$r_2=40$ [cm] $=0.4$ [m] を代入します。

q_1 と q_2 は異種なので吸引力 F_{12} が働きます。

$$F_{12}=9\times10^9\times\frac{q_1q_2}{r^2}=9\times10^9\times\frac{10\times10^{-6}\times(-5\times10^{-6})}{0.6^2}=-1.25\ [N]$$

q_2 と q_3 も異種なので吸引力 F_{23} が働きます。

$$F_{23}=9\times10^9\times\frac{q_1q_2}{r^2}=9\times10^9\times\frac{(-5\times10^{-6})\times15\times10^{-6}}{0.4^2}=-4.22\ [N]$$

したがって、電荷 q_2 には q_1 との吸引力 F_{12} と q_3 との吸引力 F_{23} が働きますが、F_{12} より F_{23} の静電力の方が大きいので、q_2 には F_{12} と F_{23} の差の力

$$F_{23}-F_{12}=-(4.22-1.25)=-2.97\ [N]$$

が働いて q_3 の方向に吸引されます（図２－６）。

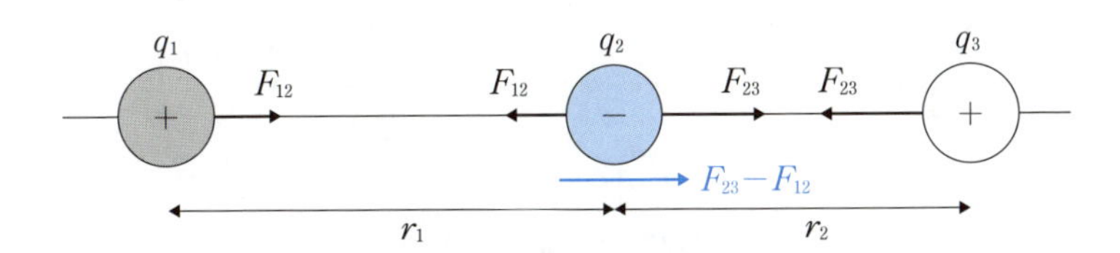

図２－６　電荷 q_2 が受ける静電力

答：電荷 q_2 には静電力2.97 [N] が働き、電荷 q_3 の方向に吸引される

2－3 電界と電界の強さ

前節で説明したように、電荷同士を近づけると電荷間には静電力が働きます。このように静電力が働く空間を**電界**または**電場**（*electric field*）といいます。

「**電界中に1 [C] の正の電荷（単位電荷）をおいたときに、これに働く静電力の大きさと向きをもった量を電界の強さまたは電界の大きさ**」と定義します。電界の大きさの量記号は E で、単位は [V/m]（ボルト毎メートル）が用いられます。

真空中で、Q [C] の正電荷から距離 r [m] 離れた点 P の電界の大きさ E は、次のようにして求められます。

点 P に 1 [C] の電荷をおいたときに、これに働く静電力 F [N] は、式（2－4）から

$$F = \frac{1}{4\pi\varepsilon_0} \times \frac{Q \times 1}{r^2} = 9 \times 10^9 \times \frac{Q}{r^2}$$

となります。

上記の定義から、電界の大きさ E は

$$E = \frac{1}{4\pi\varepsilon_0} \times \frac{Q}{r^2} = 9 \times 10^9 \times \frac{Q}{r^2} \qquad (2-5)$$

になります（図2－7）。電界の向きは図の矢印の方向になります。

電界をベクトルで表すと、単位ベクトルを $\frac{\boldsymbol{r}}{|\boldsymbol{r}|}$ とすると

$$\boldsymbol{E} = \frac{1}{4\pi\varepsilon_0} \times \frac{Q}{r^2} \frac{\boldsymbol{r}}{|\boldsymbol{r}|} = 9 \times 10^9 \times \frac{Q}{r^2} \frac{\boldsymbol{r}}{|\boldsymbol{r}|} \qquad (2-6)$$

のように表されます。

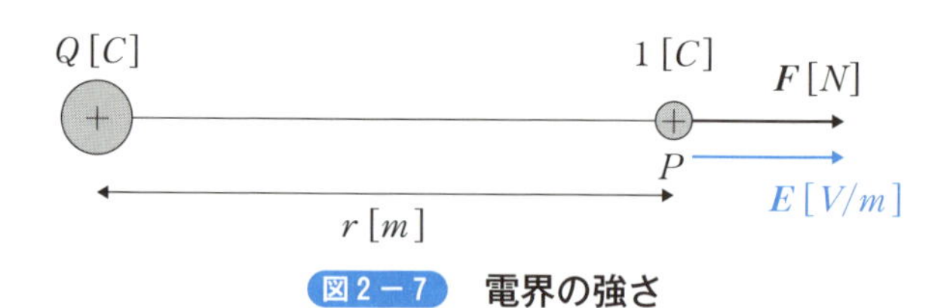

図2－7 電界の強さ

2枚の平行平板電極でつくられる電界は、電極間内はどこでも等しい電界なので、**平等電界**といいます（図2－8）。平等電界の大きさ E [V/m] は、電極間の

電位差を V [V]、電極間距離を d [m] とすると次式で表されます。

$$E=\frac{V}{d} \tag{2-7}$$

平等電界中に正または負の電荷 Q [C] をおいたときに、この電荷が受ける静電力 F [N] は

$$F=QE \tag{2-8}$$

で表されます。正電荷が受ける静電力の向きは電界の向きと同方向で、負電荷が受ける静電力の向きは電界の向きと逆の方向になります。

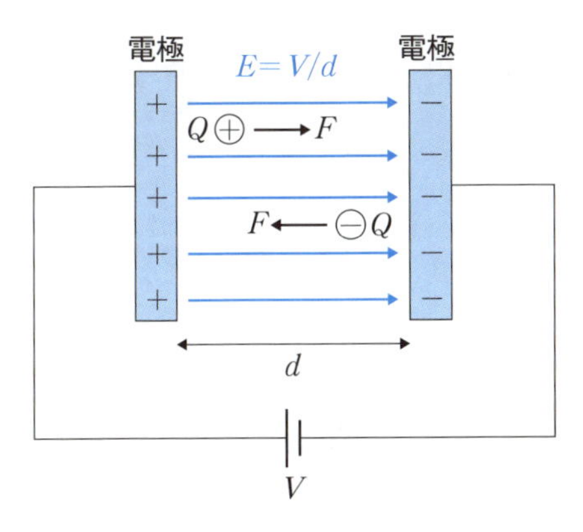

図2－8　平等電界

[例題2－6]

真空中に10 [μC] の大きさの電荷がおかれている。この電荷から距離40 [cm] 離れた点の電界の大きさを求めなさい。

[解答]

式（2－5）より

$$E=9\times 10^{9}\times\frac{Q}{r^{2}}=9\times 10^{9}\times\frac{10\times 10^{-6}}{0.4^{2}}\approx 5.6\times 10^{5}\ [V/m]$$

となります。

答：5.6×10^{5} [V/m]

［例題２−７］

真空中のP点におかれた20［μC］の大きさの電荷に0.1［N］の静電力が働いている。P点の電界の大きさを求めなさい。

［解答］

式（２−８）より、電界の強さE

$$E=\frac{F}{Q}$$

と表されるので、

$$E=\frac{0.1}{20\times10^{-6}}=5\times10^{3}\,[V/m]=5\,[kV/m]$$

となります。

答：５［kV/m］

［例題２−８］

電界の大きさが500［V/m］の平等電界中に25［μC］の大きさの電荷をおいたときこれに働く静電力を求めなさい。

［解答］

式（２−８）より、

$$F=QE=25\times10^{-6}\times500=0.0125\,[N]$$

となります。

答：0.0125［N］

2－4 電気力線と電束

空間におかれた電荷間でつくられる電界の状態は仮想的な線で表されます。この線のことを**電気力線**（*line of electric force*）といいます※注1。

電気力線には次のような性質があります。

・正の電荷から出て負の電荷に入る。

正の電荷 $q\,[C]$ から $\dfrac{q}{\varepsilon}$ [本] の電気力線が出て、負の電荷 $-q\,[C]$ に $\dfrac{q}{\varepsilon}$ [本] の電気力線が入ります。

・電気力線は引っ張られたゴムひものようにつねに縮もうとする。

・電気力線は途中で分岐したり、他の電気力線と交差することはない。

・電気力線上の任意の点における電界の向きは、その点の電気力線の接線と一致する（図２－９）。

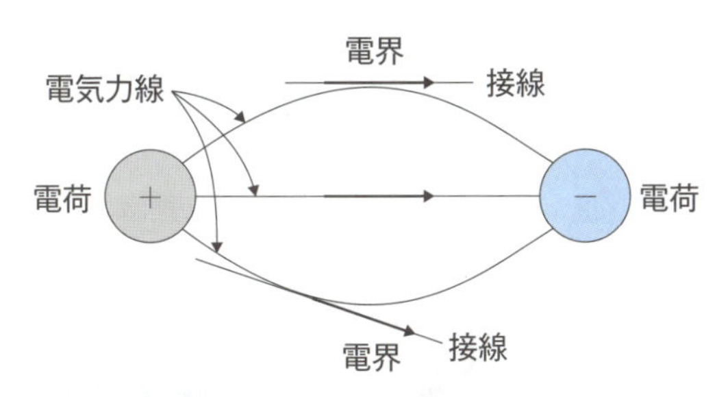

図２－９　電気力線の接線と電界方向

・電場の任意の点の電気力線の密度は、その点の電界の大きさを表す。

正の電荷 $q\,[C]$ から $\dfrac{q}{\varepsilon}$ [本] の電気力線が出るので、これを電荷をとり囲む面積 $S\,[m^2]$ で割った単位面積当たりの電気力線の本数が電界の強さ $E\,[V/m]$ にな

※注１：第１章の図１－５を参照。

ります。

すなわち

$$E = \frac{\frac{q}{\varepsilon}}{S} = \frac{q}{\varepsilon S} \qquad (2-9)$$

です。

この式の単位関係は次のようになります。

$$\frac{q}{\varepsilon S} = \frac{[C]}{\left[\frac{F}{m}\right][m^2]} = \frac{[C]}{[F \cdot m]} = \frac{[C]}{[F]} \cdot \frac{1}{[m]} = [V] \cdot \frac{1}{[m]} = \left[\frac{V}{m}\right] = [V/m]$$

・電気力線は導体の表面に垂直に入り、導体の内部には存在しない（図2－10）。

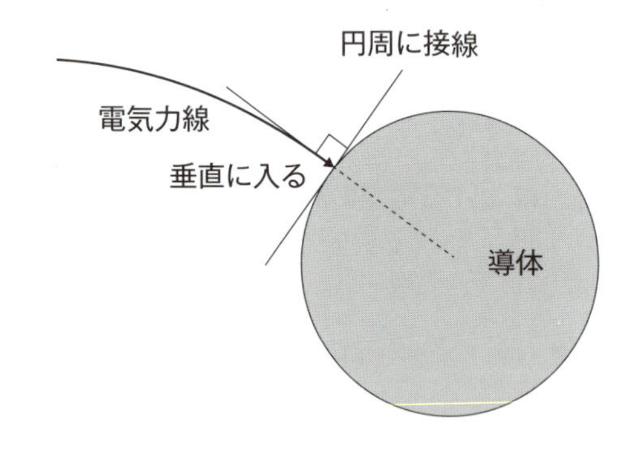

図2－10　電気力線は導体の表面に垂直に入る

電気力線の数は、上記の電気力線の性質で述べたように、電荷 q [C] の場合、$\frac{q}{\varepsilon}$ [本] の電気力線が出ます。この場合は、電荷がおかれた物質の誘電率 ε によって電気力線の数が異なります。物質の境界面では誘電率 ε が異なるため、電気力線の数が異なり不連続になります。

電荷がおかれた物質に関係がなく、電荷の量だけで電気力線の数を定義したものが電束です。仮想的な電気力線として電束を考えます※注。すなわち、電荷 q [C] から q [本] の電束が出るとします。電束の量記号は Q とし、単位は電荷の

単位と同じ [C]（クーロン）が使われます。

電場の任意の場所の面積 S [m^2] を電束 Q [C] が貫いているとすると、電束密度 D [C/m^2] は

$$D=\frac{Q}{S} \qquad (2-10)$$

となります。

半径 r [m] の球の中心に電荷 Q [C] をおいたときの球面上の電束密度 D は

$$D=\frac{Q}{4\pi r^2} \qquad (2-11)$$

となります。

球面上の電気力線の密度（電界の大きさ E [V/m] に等しい）は、式（2－5）から

$$E=\frac{1}{4\pi\varepsilon_0}\times\frac{Q}{r^2} \qquad (2-12)$$

となります。

式（2－11）と式（2－12）から

$$D=\frac{Q}{4\pi r^2}=\varepsilon\times\left(\frac{1}{4\pi\varepsilon}\times\frac{Q}{r^2}\right)$$
$$=\varepsilon E \qquad (2-13)$$

の関係が成り立ちます。

真空中（または空気中）の場合は、電束密度と電界の大きさとの間には

$$D=\varepsilon_0 E \qquad (2-14)$$

の関係が成り立ちます。

[例題2－9]

真空中で、任意に場所における面積1 [cm^2] に垂直に 4×10^{-12} [C] の電束が通っている。この面積の電束密度 D を求めなさい。また、電界 E の大きさを求めなさい。

[解答]

電束密度 D は式（2－10）から

$$D=\frac{Q}{S}=\frac{4\times10^{-12}\,[C]}{0.01^2\,[m^2]}=0.04\times10^{-6}\,[C/m^2]$$

※注：第1章の図1－6を参照。

$$=0.04\ [\mu C/m^2]$$

となります。

電界 E は式（2－14）から

$$E=\frac{D}{\varepsilon_0}=\frac{0.04\times10^{-6}}{8.85\times10^{-12}}\fallingdotseq4520\ [V/m]$$

となります。

答：$D=0.04\ [\mu C/m^2]$、$E\fallingdotseq4520\ [V/m]$

[例題 2 −10]

電界の大きさが40 $[V/m]$ の電界内に、誘電率 $\varepsilon=0.32\ [\mu F/m^2]$ の物質をおいたときの電束密度を求めなさい。

[解答]

式（2－13）から

$$D=\varepsilon E=0.32\times10^{-6}\times40=12.8\ [\mu C/m^2]$$

となります。

答：$D=12.8\ [\mu C/m^2]$

2−5 電位と電位差

単位の正電荷 $+1\,[C]$ を無限遠点（電界の強さ $E=0$ の点）から点 P まで移動させるのに必要な仕事 V を P 点の**電位**（*electric potential*）といいます。単位は $1\,[C]$ あたりのエネルギーになるため $[J/C]=[V]$（J はジュール、V はボルト）を用います（図2−11）。

また、誘電率 ε の誘電体中で、無限遠の電位を0とするとき電荷 $+q\,[C]$ から距離 $r\,[m]$ 離れた点の電位は

$$V=\frac{q}{4\pi\varepsilon r} \qquad (2-15)$$

で表されます。

したがって、電荷 $+q\,[C]$ から距離 $r_1\,[m]$ 離れた点 P_1 の電位 $V_1\,[V]$ と距離 $r_2\,[m]$ 離れた点 P_2 の電位 $V_2\,[V]$ は、次のように表されます（図2−12）。

$$V_1=\frac{q}{4\pi\varepsilon r_1}$$

$$V_2=\frac{q}{4\pi\varepsilon r_2}$$

また、点 P_1 と点 P_2 の電位の差 $V_{12}=(V_1-V_2)$ を**電位差**または**電圧**といい、次式で与えられます。

$$V_{12}=V_1-V_2=\frac{q}{4\pi\varepsilon r_1}-\frac{q}{4\pi\varepsilon r_2}=\frac{q}{4\pi\varepsilon}\left(\frac{1}{r_1}-\frac{1}{r_2}\right)$$

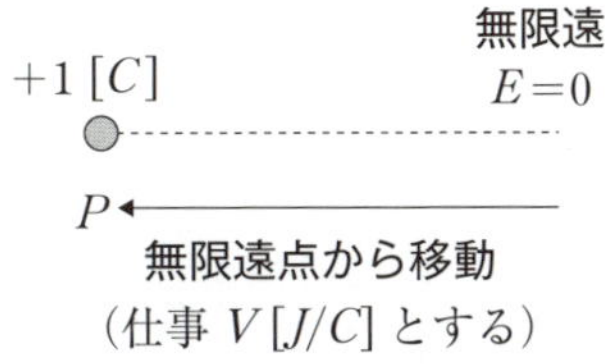

図2−11　電位の定義

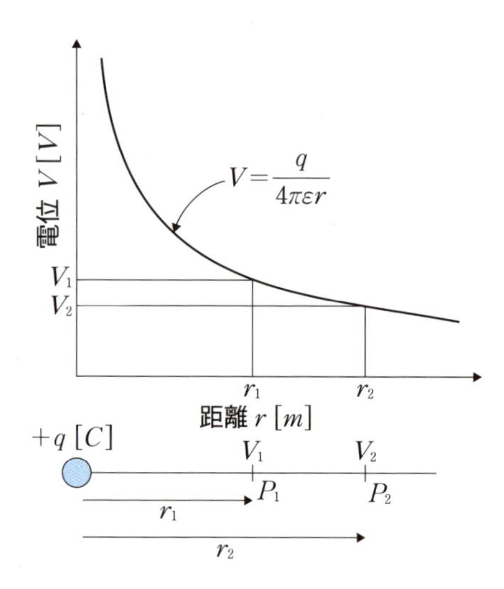

図2−12 電荷 $+q$ [C] からの距離 r と電位 V の関係

[例題2−11]

真空中において電荷 2 [μC] から距離 4 [m] 離れた点の電位を求めなさい。

[解答]

式（2−15）から

$$V = \frac{q}{4\pi\varepsilon_0 r} = \frac{1}{4\pi\varepsilon_0} \times \frac{q}{r}$$

$$= 9 \times 10^9 \times \frac{2 \times 10^{-6}}{4}$$

$$= 4.5 \times 10^3 \ [V]$$

$$= 4.5 \ [kV]$$

となります。

答：$V = 4.5$ [kV]

[例題2−12]

空気中において電荷 3 [μC] から距離 5 [m] 離れた点の電位を求めなさい。

[解答]

空気中の誘電率（$\varepsilon = \varepsilon_r \varepsilon_0 = 1.000586 \times \varepsilon_0$）は真空の誘電率 ε_0 とほぼ等しいので、誘電率 ε_0 で計算します。

式（2－15）から

$$V=\frac{q}{4\pi\varepsilon r}\fallingdotseq\frac{1}{4\pi\varepsilon_0}\cdot\frac{q}{r}$$

$$=9\times10^9\times\frac{3\times10^{-6}}{5}$$

$$=5.4\times10^3\ [V]$$

$$=5.4\ [kV]$$

となります。

答：$V=5.4\ [kV]$

2-6 静電容量とコンデンサ

中空導体の表面の電位 V [V] と球の中心におかれた電荷 Q [C] との間には、比例関係が成り立ちます。

比例定数を C とすると

$$Q = CV \qquad (2-16)$$

となります。比例定数 C を**静電容量**（*electrostatic capacity*）といいます。単位は [F]（ファラッド）です。

空気中におかれた中空導体の静電容量は、式（2 −15）を用いて次式で与えられます。

$$C = \frac{Q}{V} = \frac{Q}{\frac{Q}{4\pi\varepsilon r}} = 4\pi\varepsilon r \qquad (2-17)$$

ここで、静電容量の単位である 1 [F] は実用上大きすぎるので、1 [μF] $=10^{-6}$ [F] や 1 [pF]（p は接頭語ピコと発音）$=10^{-12}$ [F] が使われます。

[例題 2 −13]

空気中におかれた半径 $r = 4$ [cm] の中空導体の静電容量を求めなさい。

[解答]

式（2 −17）から

$$C = 4\pi\varepsilon r = 4\pi \times 8.85 \times 10^{-12} \times 0.04 \fallingdotseq 4.45 \times 10^{-12} \text{ [}F\text{]} = 4.45 \text{ [}pF\text{]}$$

となります。

答：4.45 [pF]

[例題 2 −14]

静電容量0.06 [μF] の中空導体の表面電位が12 [V] であった。中空導体の表面の電荷を求めなさい。

[解答]

式（2 −16）から

$$Q = CV = 0.06 \times 10^{-6} \times 12 = 0.72 \times 10^{-6} \text{ [}C\text{]} = 0.72 \text{ [}\mu C\text{]}$$

となります。

答：0.72 [μC]

コンデンサとは電荷を蓄える働きをする素子です。

２枚の金属板を平行において、その間に誘電体を挿入して構成した素子を**平行板コンデンサ**といいます。平行板コンデンサと図記号を図２－13に示します。

平行板コンデンサの電極間に電圧 $V\,[V]$ を加えたときのコンデンサの静電容量 $C\,[F]$ と電極板に生じた電荷 $\pm Q\,[C]$ との間には

$$C=\frac{Q}{V} \qquad (2-18)$$

の関係が成り立ちます。

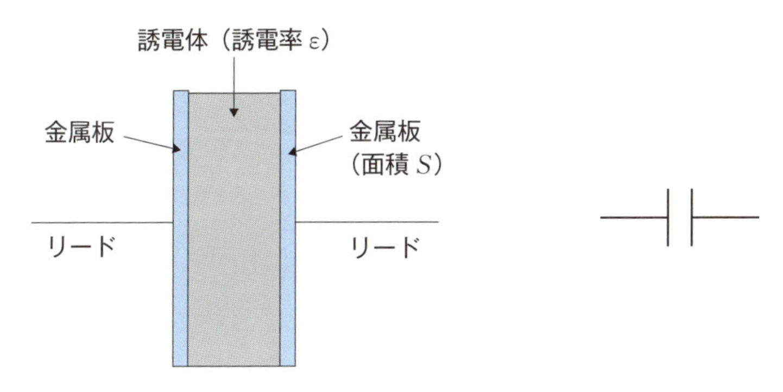

図２－13　平行板コンデンサとコンデンサの図記号

平行板コンデンサの場合は、両電極板上に電荷が一様に分布します※注。

このため誘電体内部の電束密度は一様になり、両電極間は**平等電界**になります。平行板コンデンサの電圧 V と電界 E の関係を図２－14に示します。電界 E は電極間ではどこでも一定になります。

電束密度 $D\,[C/m^2]$ は、電極板面積を $S\,[m^2]$ とすると

$$D=\frac{Q}{S} \qquad (2-19)$$

となります。

また、電界の大きさ $E\,[V/m]$ は、両電極間を $d\,[m]$ とすると

$$E=\frac{V}{d} \qquad (2-20)$$

となります。

※注：$\pm Q\,[C]$ 電荷の帯電については、２枚の平板電極の誘電分極について説明した第１章の図１－11を参照。

式（2 −19）と式（2 −20）および式（2 −13）から

$$D=\frac{Q}{S}=\varepsilon E=\varepsilon\frac{V}{d}$$

となり、この式から

$$Q=\varepsilon\frac{S}{d}V \qquad (2-21)$$

となります。

電極面積 S、電極間距離 d、印加電圧 V が同じであれば、誘電率が大きいほど蓄えられる電荷 Q が大きくなることがわかります。誘電率 ε は誘電体の電荷の蓄えやすさを表すパラメータであるといえます。

平行板コンデンサの静電容量 $C\,[F]$ は次式で与えられます。

$$C=\frac{Q}{V}=\varepsilon\frac{S}{d} \qquad (2-22)$$

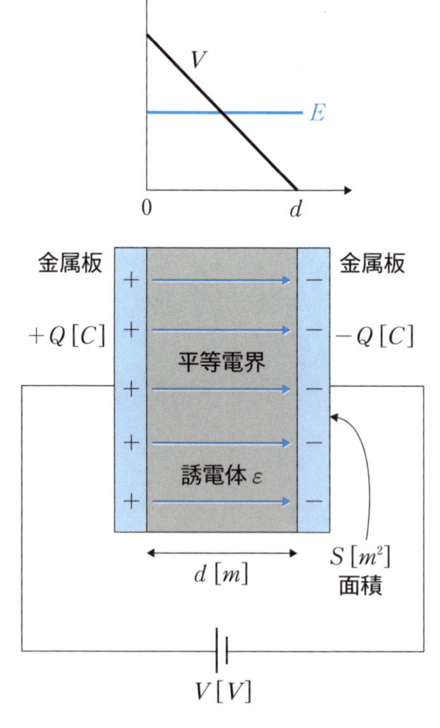

図2 −14　平行板コンデンサの電圧と電界の関係

[例題２－15]

金属板（面積が60 $[cm^2]$）２枚を空気中に１$[cm]$ 離しておき、これをコンデンサとした。コンデンサの静電容量を求めなさい。また、このコンデンサに100 $[V]$ の電圧を加えたときに、コンデンサに蓄えられる電荷を求めなさい。

[解答]

金属板の面積は $S=60\ [cm^2]=60\times10^{-4}\ [m^2]$、電極間隔は $d=1\ [cm]=10^{-2}$ $[m]$ なので、式（２－22）から

$$C=\varepsilon\frac{S}{d}=8.85\times10^{-12}\times\frac{60\times10^{-4}}{10^{-2}}=5.31\times10^{-12}\ [F]=5.31\ [pF]$$

となります。

電荷 $Q\,[C]$ は、式（２－18）から

$$Q=CV=5.31\times10^{-12}\times100=531\times10^{-12}\ [C]=531\ [pC]$$

となります。

答：5.31 $[pF]$、531 $[pC]$

[例題２－16]

半径３$[cm]$ の２つの円形金属板を空気中に0.2 $[cm]$ 離しておいたときの静電容量を求めなさい。

[解答]

電極の面積 S は、半径 $r=3\ [cm]=0.03[m]$ から $S=\pi r^2=\pi\times0.03^2\ [m^2]$ となるので、式（２－22）より

$$C=\varepsilon\frac{S}{d}=8.85\times10^{-12}\times\frac{\pi\times0.03^2}{0.002}=12.5\times10^{-12}\ [F]=12.5\ [pF]$$

となります。

答：12.5 $[pF]$

[例題 2 −17]

1 $[kV]$ の電位差で0.5 $[J]$ の静電エネルギーを蓄えるコンデンサ※注1がある。このコンデンサの静電容量を求めなさい。

[解答]

コンデンサの静電エネルギーの式は、第 1 章の式（1 −19）※注2で与えられます。

$$W=\frac{1}{2}CV^2$$

したがって、静電容量 C は

$$C=\frac{2W}{V^2}=\frac{2\times 0.5}{1000^2}=1\times 10^{-6}\ [F]=1\ [\mu F]$$

が得られます。

答：$1\times 10^{-6}\ [F]$ または $1\ [\mu F]$

※注 1 ：平行板コンデンサについては 2 − 6 節を参照。

※注 2 ：1 − 8 節を参照。

第 3 章

磁石の性質と電流がつくる磁界

磁石の性質として磁力線と磁界について説明します。また、磁石を磁極として扱い、点磁荷間に働く力について説明します。次に、導線に電流を流したときの磁束と磁界の向きについて説明し、具体的な例として、直線状導体と円形コイルに電流を流したときの磁力線と磁界の関係について説明します。

3－1 磁石と磁気

磁石は鉄片を引き付ける性質をもっています。このような性質を**磁性**といいます。磁性のもとになるものを**磁気**といいます。磁石の両端は鉄片を引き付ける力が強く、その両端を**磁極**（*magnetic pole*）といいます。**磁石は *N* 極と *S* 極の 2 つの磁極から構成されます。**

磁石同士を近づけたときは、次のような現象が現れます（図 3 － 1）。*N* 極と *S* 極、すなわち異種の磁極の間には吸引力が働きます。一方、*N* 極と *N* 極、または *S* 極と *S* 極、すなわち同種の磁極との間には反発力が働きます。これらの力を**磁力**といいます。

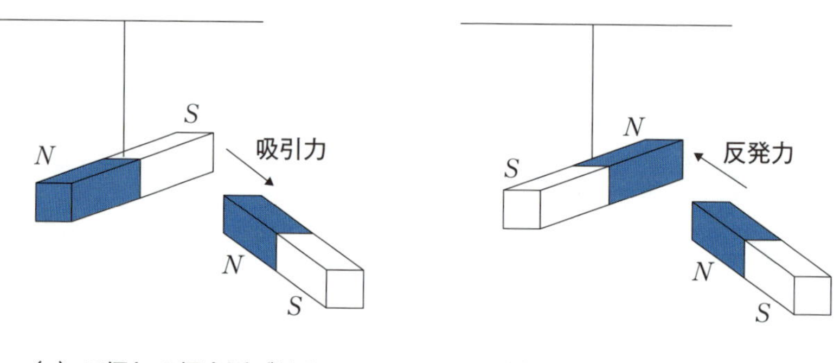

図 3 － 1　磁石同士を近づける

磁極の働きを示す方法として、**磁力線**（*line of magnetic force*）という仮想的な線を考えます。磁石のまわりに磁力線があり、これによって力が働くと考えます（図 3 － 2）。磁力線上に**磁針**をおいたときに、磁針の針の方向は磁力線の向く方向を指します。このように仮想的に磁力線の存在する領域を**磁界**（*magnetic field*）といいます。

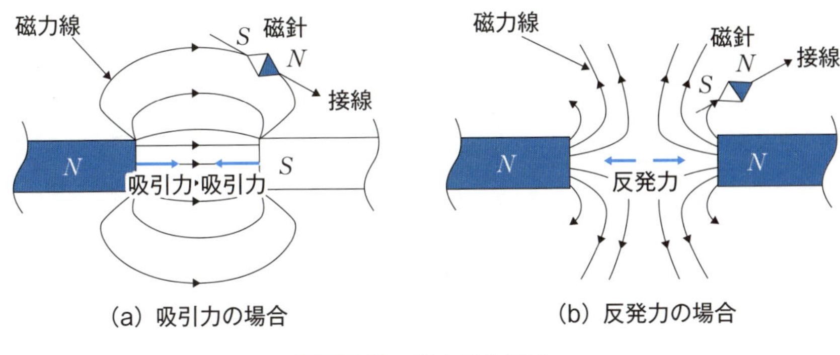

図3－2　磁力線と磁力

磁力線の性質をまとめると、次のようなことがいえます。

・磁力線は、N極から出てS極に入る。
・磁力線は、ゴムひものようにつねに縮もうとし、また互いに反発する。
・磁力線は、互いに交わらない。
・任意の点における磁界の向きは、その点の磁力線の接線と一致する。
・任意の点における磁力線の密度は、その点の磁界の大きさを表す。

[例題3－1]

下記の磁力線の性質について誤っている説明があれば訂正しなさい。

・磁力線は、S極から出てN極に入る。
・磁力線は、ゴムひものようにつねに縮もうとし、また互いに反発する。
・磁力線は、互いに交わることがある。
・任意の点における磁界の向きは、その点の磁力線の接線と一致する。
・任意の点における磁力線の密度は、その点の電界の大きさを表す。

[解答]

本文で説明しています。

・磁力線は、N極から出てS極に向かいます。
・磁力線は、どのような場合でも交わることがありません。
・磁力線の密度は、その点の磁界の大きさを表します。

他の説明文は正しいです。

答：上記

コラム　磁針

磁界の方向を指し示す針状の磁石（小型の永久磁石）で、中央に支点をおいて、水平に自由に回転する方位磁針のことです（写真３－１）。磁針の針は磁力線の向く方向を指します（図３－３）。

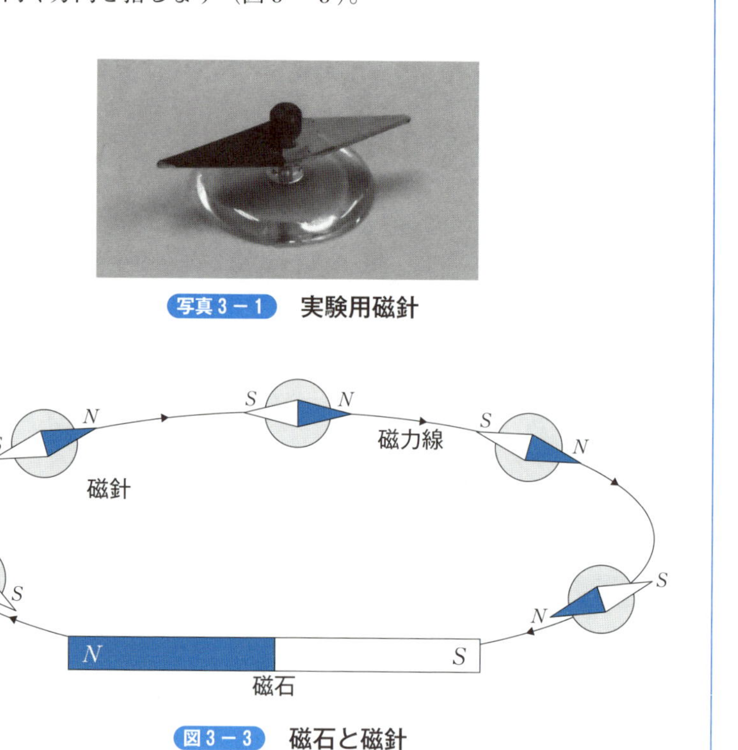

写真３－１　実験用磁針

図３－３　磁石と磁針

3－2 磁極に働く力

前節で述べたように、磁石のN極とS極を距離r [m] 隔てておくと互いに吸引力が働きます（図3－4 (a)）。このとき磁極が点と考えられるほど距離r [m] が大きいとします（図3－4 (b)）。このとき点とみなした磁極を点磁荷といいます。点磁荷のm_1とm_2は、それぞれの磁極の強さを表します。単位はウェーバ（*Weber*、単位記号*Wb*）です。また、磁極間に働く力（吸引力または反発力）はFで表します。単位は、ニュートン（*Newton*、単位記号*N*）です。

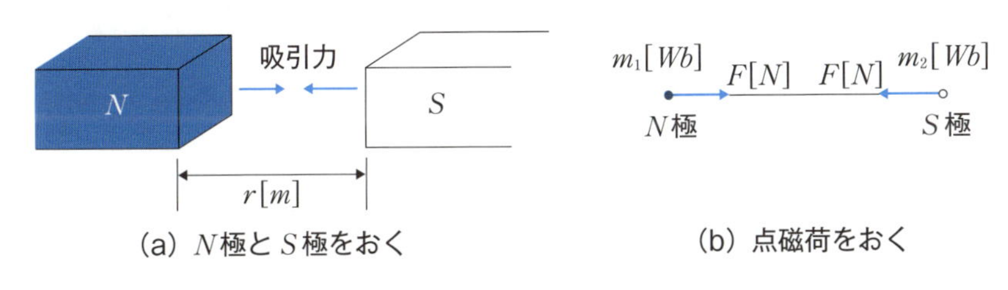

図3－4　磁極に働く力

磁極間に働く力は、次の法則に従います。

・2つの点磁荷の間に働く力Fの大きさは、両磁極の強さの積に比例する。

・2つの点磁荷の間に働く力Fの大きさは、磁極間の距離の二乗に反比例する。

・力Fの向きは、両磁極を結ぶ直線上にある。

この法則を**クーロンの法則**（*Coulomb's law*）といいます。式で表現すると次式で与えられます。

$$F=\kappa\frac{m_1 m_2}{r^2} \qquad (3-1)$$

ここで、κ（カッパ）は比例定数で、磁極がおかれた空間の磁気的性質を表す定数の1つです。

式（3－1）で、磁極の強さm [Wb] は、N極のときは正（＋）、S極のときは負（－）で表します。すなわち、力F [N] の大きさは同極間では正となり、反発力を表します。これに対して、異極間では負となって力F [N] は吸引力を表します。

比例定数κは透磁率μを用いて次式で表されます。

$$\kappa=\frac{1}{4\pi\mu} \qquad (3-2)$$

真空の透磁率はμ_0で表し、その値は$\mu_0=4\pi\times10^{-7}$ $[H/m]$となります。ここで、空気の透磁率は真空の場合とほぼ同じ値になります。したがって、真空のκの値は、次のようになります。

$$\kappa=\frac{1}{4\pi\mu_0}=\frac{1}{4\pi\times4\pi\times10^{-7}}\approx6.33\times10^4 \qquad (3-3)$$

したがって、式（3－1）は、次式のように表すことができます。

$$F=\kappa\frac{m_1 m_2}{r^2}=6.33\times10^4\times\frac{m_1 m_2}{r^2} \qquad (3-4)$$

［例題３－２］

空気中で磁極の強さが$m_1=2\times10^{-5}[Wb]$、$m_2=5\times10^{-4}[Wb]$、両磁極間の距離$r=20$ $[cm]$であるとき、両極間に働く力$F[N]$を求めなさい。また、その力は吸引力または反発力のどちらになるか答えなさい。

［解答］

式（３－４）に題意の値を代入します。

$$F=6.33\times10^4\times\frac{m_1 m_2}{r^2}=6.33\times10^4\times\frac{2\times10^{-5}\times5\times10^{-4}}{(0.2)^2}=0.0158\ [N]$$

力$F[N]$の大きさは同極間なので正となり、反発力となります。

答：$0.0158\ [N]$、反発力

［例題３－３］

空気中で２つの磁極の強さが$4\times10^{-6}[Wb]$、$-2\times10^{-6}[Wb]$、両極間の距離が$1.5\ [m]$であるとき、磁極間に働く力$F[N]$を求めなさい。また、その力は反発力か吸引力かどちらになるか答えなさい。

［解答］

式（３－４）に題意の値を代入します。

$$F=6.33\times10^4\times\frac{m_1 m_2}{r^2}=6.33\times10^4\times\frac{4\times10^{-6}\times(-2\times10^{-6})}{1.5^2}$$

$$=-2.25\times10^{-7}[N]$$

力$F[N]$の大きさは異極間なので負となり、吸引力となります。

答：$2.25\times10^{-7}[N]$、吸引力

[例題 3 － 4]

空気中で２つの磁極の強さが $m_1 = 3 \times 10^{-4}$ [Wb]、$m_2 = 4 \times 10^{-5}$ [Wb] であり、そのときの両極間に働く力 F が0.321 [N] であった。磁極間の距離 r を求めなさい。

[解答]

式（3 － 4）から次式が得られます。

$$r = \sqrt{\frac{6.33 \times 10^4 \times m_1 m_2}{F}}$$

この式に題意の値を代入します。

$$r = \sqrt{\frac{6.33 \times 10^4 \times 3 \times 10^{-4} \times 4 \times 10^{-5}}{0.321}} = \sqrt{236.63 \times 10^{-5}}$$

$$= 0.049\ [m] = 4.9\ [cm]$$

答：4.9 [cm]

[例題 3 － 5]

３つの点磁荷 a、b、c が空気中で一直線上におかれている（図 3 － 5）。点磁荷 b に働く力の大きさと向きを求めなさい。

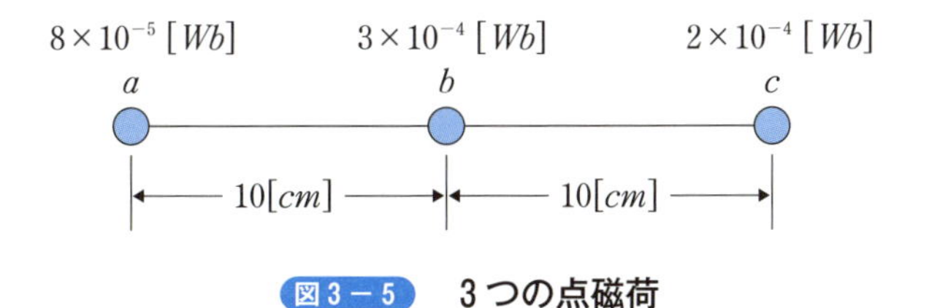

図 3 － 5　３つの点磁荷

[解答]

点磁荷 a と b の間に働く力は、式（3 － 4）から

$$F_1 = 6.33 \times 10^4 \times \frac{m_1 m_2}{r^2} = 6.33 \times 10^4 \times \frac{8 \times 10^{-5} \times 3 \times 10^{-4}}{0.1^2} = 0.152\ [N]$$

となり、同極なので反発力が働きます。

点磁荷 b と c の間に働く力は、同じように式（3 － 4）から

$$F_2 = 6.33 \times 10^4 \times \frac{m_1 m_2}{r^2} = 6.33 \times 10^4 \times \frac{3 \times 10^{-4} \times 2 \times 10^{-4}}{0.1^2} = 0.380\ [N]$$

となり、同極なので反発力が働きます。

したがって、磁極 b には、磁極 a と c からそれぞれ反発力が働きます。それ

それの反発力は $F_1 < F_2$ なので、$F_2 - F_1 = 0.380 - 0.152 = 0.228$ [N] の力が磁極 a の方向に働きます。

<u>答：0.228 [N]、磁極 a の方向</u>

3－3 磁気誘導

磁石にくぎや鉄片を近づけると、これらは磁石に引き付けられます。図3－6に示すように、磁石のN極に鉄片を近づけた場合、N極に近いほうの鉄片の端にS極が現れ、遠いほうの端にN極が現れます。これにより鉄片に表れたS極と磁石のN極との間に吸引力が働き鉄片は磁石に引き付けられます。

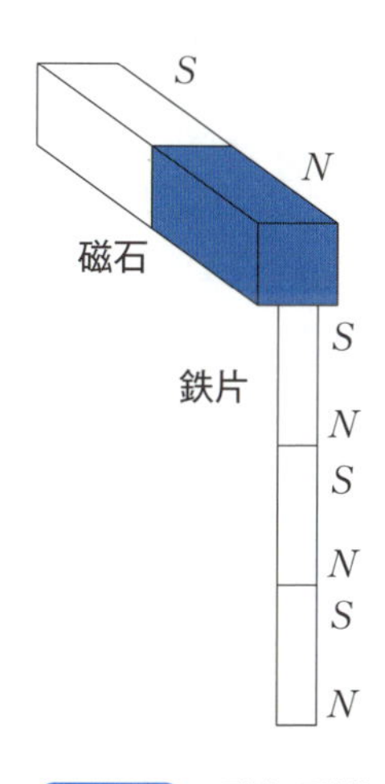

図3－6　磁気誘導

このように鉄片に磁気が現れることを**磁気誘導**（*magnetic induction*）といいます。磁気誘導された鉄片は**磁化**（*magnetization*）されたといいます。

［例題3－6］

図3－6の一番下の鉄片に磁針を近づけたら針はどのように振れるのか説明しなさい。

［解答］

一番下の鉄片は上側がS極で下側がN極に磁化されています。磁針を近づけると針の振れは上がS極に、下がN極になります（図3－7）。

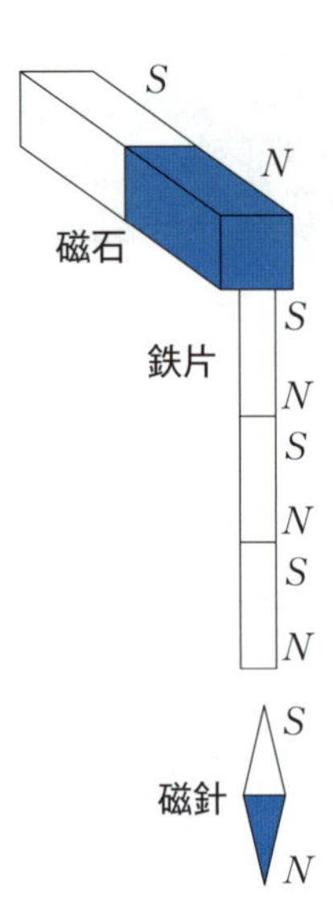

図3−7 鉄片に磁針を近づける

答：図3−7

3－4 電流による磁界

導体に電流が流れると、導体のまわりに磁界が生じます。導体が直線状の場合と円形コイルの場合について説明します。

3－4－1　直線状導体に流れる電流がつくる磁界

直線状導体に電流を流し、導体の付近に磁針をおくと、磁針に力が働き、磁針は一定の向きに振れます。これは導体に電流が流れると導体のまわりに磁力線が生じ磁界が発生するためです。電流による磁力線は導体を中心に同心円状に生じます。

電流の向きと磁力線の向きの関係は、電流の流れる向きを右ネジの進む向きにとると、ネジを回す向きが磁力線の向きになります。磁力線の向きが磁界の向きになります。この関係を**アンペールの右ネジの法則**（*Ampere's right－hand rule*）といいます（図3－8）。図3－9は、図3－8の直線状導体を上から見た場合と下から見た場合の電流の向きと磁束の向きの関係を平面で表したものです。電流が紙面に対し垂直方向に表から裏に向けて流れていることを表す記号は⊗（**クロス**）で、逆に、電流が裏から表に向けて流れていることを表す記号は⊙（**ドット**）です。

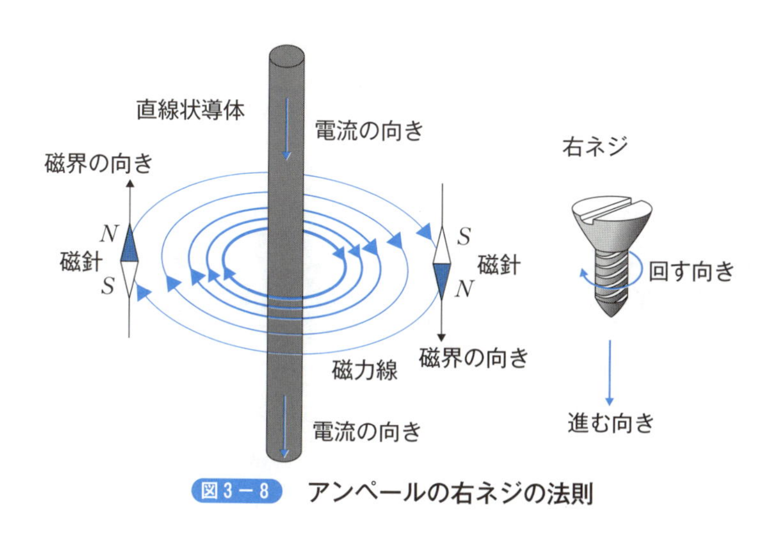

図3－8　アンペールの右ネジの法則

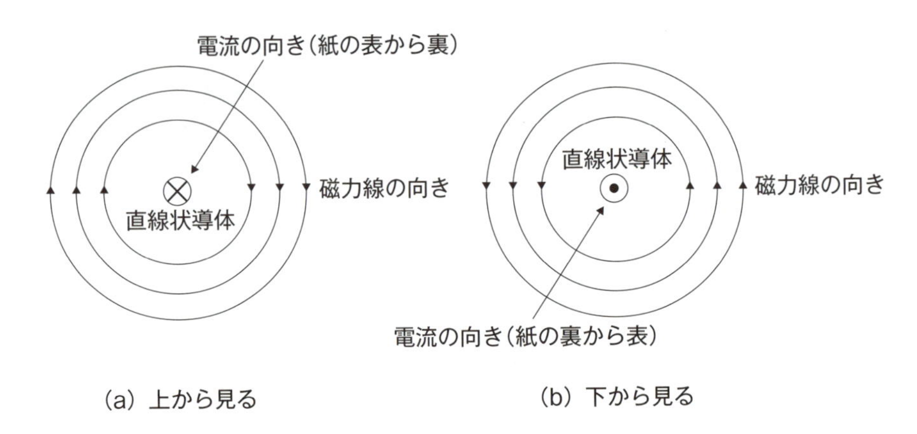

図3−9　電流と磁束の向きの関係

3−4−2　円形コイルに流れる電流がつくる磁界

直線状導体を円形にした場合、図3−10（a）に示すように、円形コイルに流れる電流の向きを右回りとすると、円形コイルの内側では表から裏に向かう磁力線が発生します。

また、図3−10（b）に示すように、右ネジを回す向きを電流の流れる向きにとると、右ネジが進む向きは磁界の向きと同じになります。すなわち**アンペールの右ネジの法則**が成り立ちます。

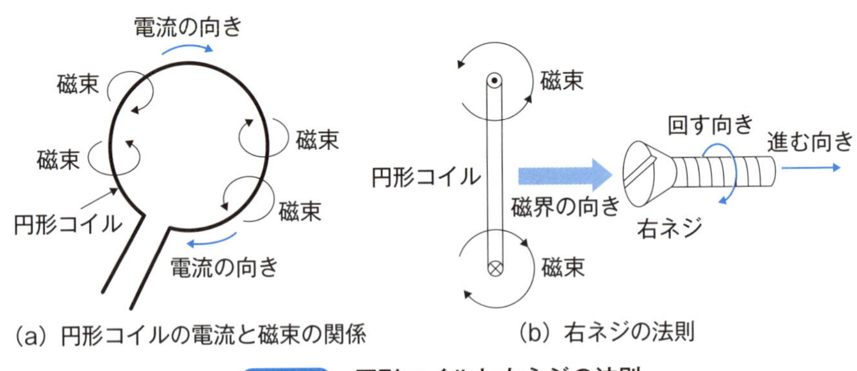

図3−10　円形コイルと右ネジの法則

［例題３－７］

円形コイルに図３－11のような向きに電流が流れている。磁束の向きと磁界の向きを図示しなさい。

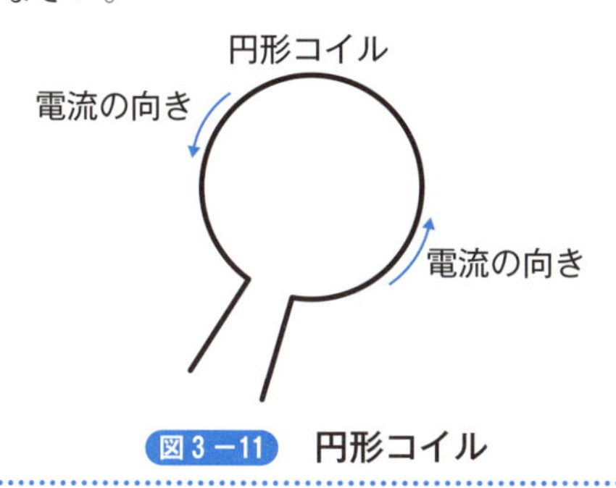

図３－11　円形コイル

［解答］

図３－10における電流の向きと逆になります。

アンペールの右ネジの法則から、磁束と磁界の向きは、図３－12のようになります。

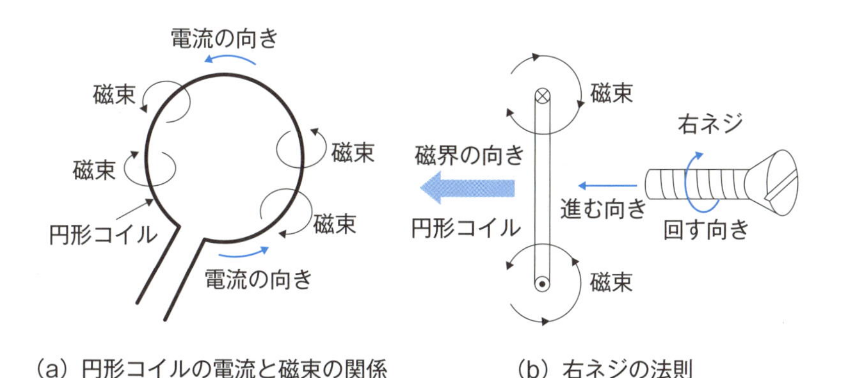

図３－12　円形コイルと右ネジの法則

答：図３－12

コイルを筒状に巻いたコイル状のものをソレノイドコイル※注といいます（図３－13（a））。ソレノイドコイルに電流を図の向きに流した場合、アンペールの

※注：ソレノイドコイルについては付録Ｂを参照。

右ネジの法則に従って、矢印のように磁束がつくられ磁界が発生します。ソレノイドコイルがつくる磁界は巻き数が多いほど、また電流が大きいほど強くなり、図3−13（b）のように磁石と同じ働きをします。ソレノイドコイルは、電磁リレーやプランジャーなどの工業用制御部品として多く利用されています。

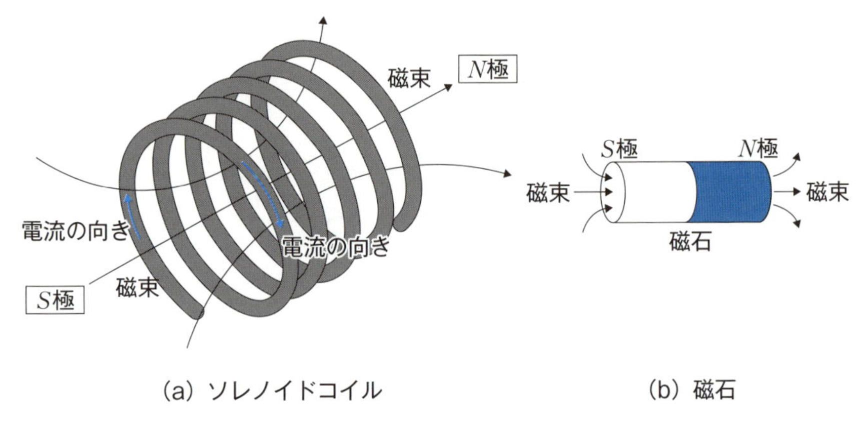

（a）ソレノイドコイル　　（b）磁石

図3−13　ソレノイドコイルによる磁界の発生

［例題3−8］

ソレノイドコイルの断面図を図3−14に示す。電流が図に示す向きに流れているとき、磁束（磁界）の向きを矢印で図中に示しなさい。また、このときソレノイドコイルのN極とS極はどちら側になるか答えなさい。

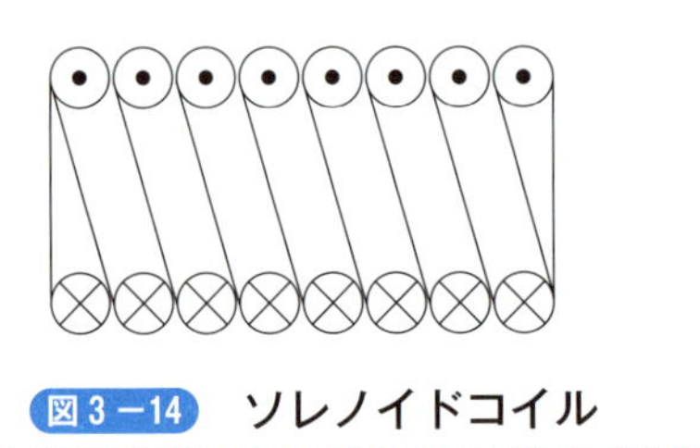

図3−14　ソレノイドコイル

［解答］

ソレノイドコイルに流れている電流の向きは、クロスとドットの記号から右回りになります。これから、磁束（磁界）の向きはアンペールの右ネジの法則から図3−15に示す方向になります。

したがって、ソレノイドコイルの左側はS極に、右側がN極になります。

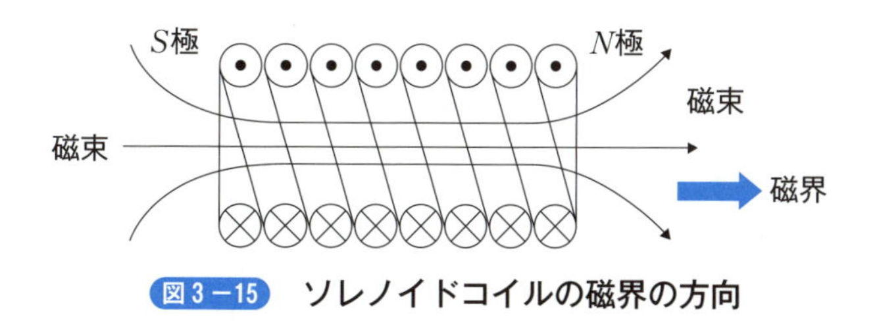

図３－15　ソレノイドコイルの磁界の方向

答：図３－15

第 4 章

磁界の強さ

磁界の強さを表す基本的な考え方の最初のステップとして、点電荷がつくる磁界の強さについて説明します。次に、直線状導体と円形コイルに流れる電流によって生じる磁界の強さを求めるビオ・サバールの法則とアンペールの周回路の法則について説明します。最後に、アンペールの周回路の法則の適用例として、ソレノイドがつくる磁界の強さの求め方について説明します。

4－1 点磁荷による磁界の強さ

磁界の強さ（**磁界の大きさ**、*intensity of magnetic field*）は、磁界中に1［Wb］の正の磁極をおいたとき、磁極に働く力の大きさと向きで表現します。磁界の大きさはHで表し、その単位はアンペア毎メートル（単位記号：A/m）を用います。

真空中でm［Wb］の磁極からr［m］離れた点Pの磁界の強さH［A/m］は、次式で表されます。磁界の向きは、磁極と点Pを結んだ直線上にあり、図中の矢印の向きになります（図4－1）。

$$H=\frac{1}{4\pi\mu_0}\times\frac{m}{r^2}=6.33\times10^4\times\frac{m}{r^2} \qquad (4-1)$$

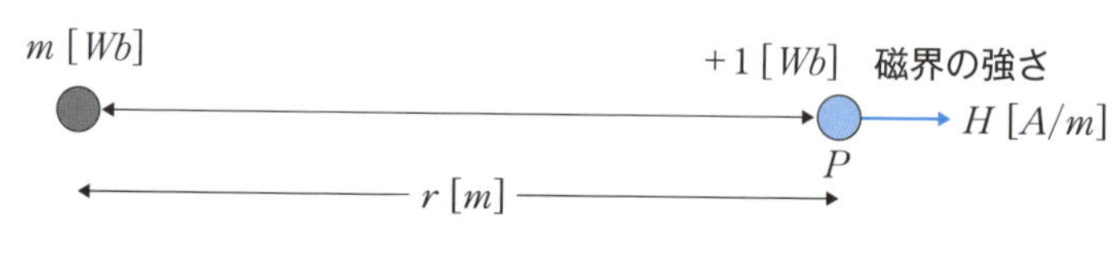

図4－1 磁界の強さ

点Pの磁界の強さがH［A/m］ということは、点Pに1［Wb］の磁極をおいたとき、H［N］の力が生じることを意味しています。すなわち、磁界の強さH［A/m］の磁界中に、m［Wb］の磁極をおいたとき、磁極に生じる力F［N］は、次のように表します。

$$F=mH \qquad (4-2)$$

［例題4－1］

空気中で、2×10^{-6}［Wb］の磁極から5［cm］離れた点Pの磁界の強さH［A/m］を求めなさい。

［解答］

式（4－1）より、

$$H=6.33\times10^4\times\frac{m}{r^2}=6.33\times10^4\times\frac{2\times10^{-6}}{0.05^2}=50.64\ [A/m]$$

が得られます。

答：50.64 $[A/m]$

［例題4－2］

磁界の強さが10 $[A/m]$ の磁界中に、$2\times10^{-6}[Wb]$ の磁極をおいたとき、磁極に働く力を求めなさい。

［解答］

式（4－2）より、

$$F=mH=2\times10^{-6}\times10=2\times10^{-5}[N]$$

が得られます。

答：$2\times10^{-5}[N]$

［例題4－3］

空気中で、$3\times10^{-2}[Wb]$ の磁極に、$4\times10^{-3}[N]$ の力が働いた。磁界の大きさを求めなさい。

［解答］

式（4－2）から

$$H=\frac{F}{m}=\frac{4\times10^{-3}}{3\times10^{-2}}\approx0.133\ [A/m]$$

が得られます。

答：0.133 $[A/m]$

4-2 ビオ・サバールの法則

導体に流れる電流によって生じる磁界（磁力線）の向きは、アンペールの右ネジの法則にしたがいます。磁界の大きさは、**ビオ・サバールの法則**と次節で説明する**アンペールの周回路の法則**から求めることができます。

電流 $I\,[A]$ が導体を矢印の向きに流れているとします（図4－2）。点 Q においては、アンペールの右ネジの法則から紙面に垂直に図の向き（クロス、⊗）に磁界が生じます。導体上の任意の点 P における微小な長さを $\Delta l\,[m]$ とします。点 P から距離 $r\,[m]$ 離れた点 Q に生じる微小な磁界の大きさ $\Delta H\,[A/m]$ は、Δl の接線と線分 PQ とのなす角を θ とすると次式で表されます。

$$\Delta H = \frac{I\cdot\Delta l}{4\pi r^2}\sin\theta \qquad (4-3)$$

この式は導体の微小部分 Δl に流れる電流 I がつくる磁界を表す式で、**ビオ・サバールの法則**（*Biot－Savart law*）といいます。

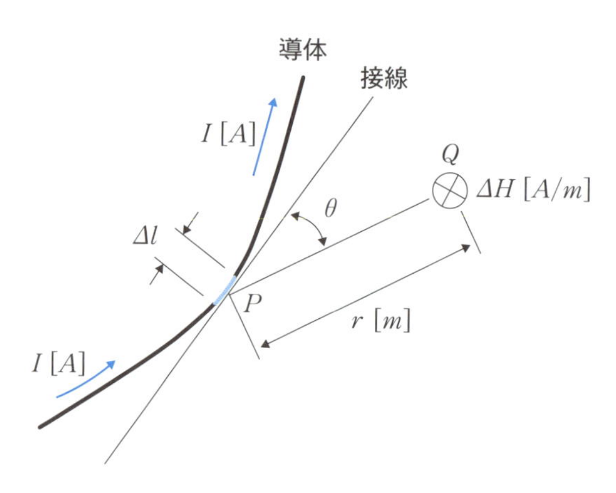

図4－2 ビオ・サバールの法則

[例題4－4]

円形コイルに電流 $I[A]$ が流れているとき、コイルの中心 P に生じる磁界の強さ $H[A/m]$ を求めなさい（図4－3）。

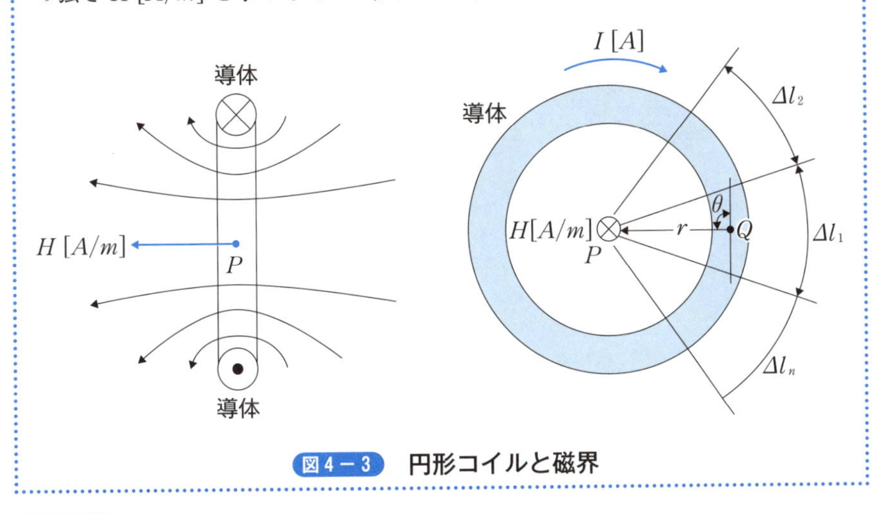

図4－3　円形コイルと磁界

[解答]

コイルの中心 P における磁界の強さ $H[A/m]$ は、コイルを n 等分した Δl_1、Δl_2、…、$\Delta l_n\,[m]$ のすべての微小部分を流れる電流 $I[A]$ によって生じる磁界の強さ ΔH_1、ΔH_2、…、ΔH_n の和からなります。

コイルの中心 P からそれぞれの微小部分の中心 Q までの距離はすべて等しく、コイルの半径 $r\,[m]$ になります。微小部分の中心 Q における接線と半径 r とのなす角 θ はすべて90°になるので、$\sin\theta = 1$ となります。

したがって、導体のそれぞれの微小部分によって生じる磁界の強さ ΔH_1、ΔH_2、…、ΔH_n は、式（4－3）のビオ・サバールの法則から

$$\Delta H_1 = \frac{I\cdot\Delta l_1}{4\pi r^2}\sin\theta = \frac{I\cdot\Delta l_1}{4\pi r^2}$$

$$\Delta H_2 = \frac{I\cdot\Delta l_2}{4\pi r^2}$$

…

$$\Delta H_n = \frac{I\cdot\Delta l_n}{4\pi r^2}$$

となります。これらの磁界の向きは、コイルの中心 P ではすべて同じ向きなので、合成した磁界の強さ H は

$$H = \Delta H_1 + \Delta H_2 + \cdots + \Delta H_n$$

$$= \frac{I \cdot \Delta l_1}{4\pi r^2} + \frac{I \cdot \Delta l_2}{4\pi r^2} + \cdots + \frac{I \cdot \Delta l_n}{4\pi r^2}$$

$$= \frac{I}{4\pi r^2}(\Delta l_1 + \Delta l_2 + \cdots + \Delta l_n) \qquad (4-4)$$

となります。

ここで、$\Delta l_1 + \Delta l_2 + \cdots + \Delta l_n$ は、コイルの全長の長さなので、半径 r の円周（$2\pi r$）と同じ長さになります。したがって、式（4 − 4）は、

$$H = \frac{I}{4\pi r^2} \times 2\pi r = \frac{I}{2r} \qquad (4-5)$$

となります。

答：$H = \frac{I}{2r}$ [A/m]

［例題 4 − 5］

図 4 − 3 において、コイルの巻数が N の場合、コイルの中心の磁界の強さはどのように表されるか。

［解答］

コイルの巻数が N 回の場合のコイル中心の磁界の強さ H は、1 周の場合の磁界の強さの N 倍になります。

$$H = N \times \frac{I}{2r} = \frac{NI}{2r} \qquad (4-6)$$

答：$H = \frac{NI}{2r}$ [A/m]

［例題 4 − 6］

直径 8 [cm]、巻数160回の円形コイルに20 [mA] の電流を流したとき、コイルの中心に生じる磁界の大きさを求めなさい。

［解答］

式（4 − 6）から、$r = 4$ [cm] $= 0.04$ [m]、$I = 20$ [mA] $= 0.02$ [A] として

$$H = \frac{NI}{2r} = \frac{160 \times 0.02}{2 \times 0.04} = 40 \text{ } [A/m]$$

が得られます。

答：40 [A/m]

4－3 アンペールの周回路の法則

直線状の導体に電流が流れているときの磁界の強さ（以下、磁界の大きさ）は、ビオ・サバールの法則を用いて求めることができますが、アンペールの周回路の法則を用いて計算すると便利です。

図4－4に示すように、電流のつくる磁界中を一定方向に一回りする閉曲線を考えます。閉曲線の微小部分をΔl_1、Δl_2、…、Δl_n、それぞれの微小部分において閉回路にそった磁界の接線成分の大きさをH_1、H_2、…、H_nとすると、これらの磁界の大きさとそれぞれの微小部分の長さの積の和は、閉曲線内に含まれる電流の和に等しくなります。これを**アンペールの周回路の法則**（*Ampere's circuital law*）といいます。ここで、**閉曲線の向きは、右ネジが電流の正の向きに進むときの回転方向とします。**また、磁界の接線成分の向きと閉曲線の向きが反対の部分は負の符号をつけて和をとります。

$$H_1\Delta l_1+H_2\Delta l_2+\cdots H_n\Delta l_n=I_1+I_2+\cdots+I_n \quad (4-7)$$

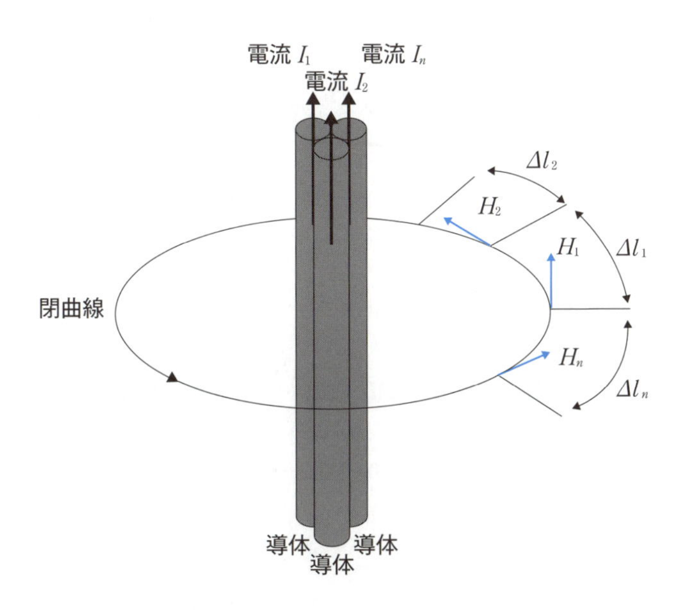

図4－4　アンペールの周回路の法則

[例題 4 − 7]

長い直線状導体に電流 $I\,[A]$ を流したとき、導体から距離 $r\,[m]$ 離れた点 P の磁界の大きさ $H\,[A/m]$ を求めなさい（図 4 − 5）。

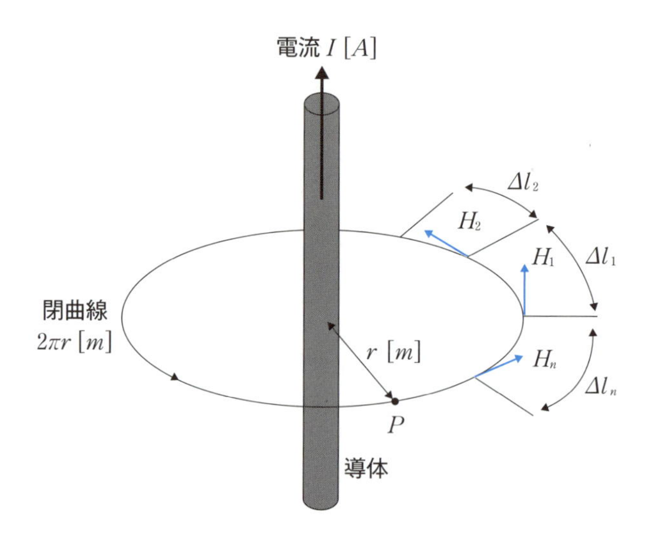

図 4 − 5 直線状導体とアンペールの周回路の法則

[解答]

長い直線状導体に流れる電流がつくる磁界は、導体に対して同心円になるので、半径 $r\,[m]$ の円周上の磁界の大きさはどこでも等しく、磁界の向きは接線の向きになります。

半径 $r\,[m]$ の円周を閉曲線とすると、その微小部分 Δl_1、Δl_2、…、$\Delta l_n\,[m]$ の各部分における磁界の大きさを H_1、H_2、…、$H_n\,[A/m]$ とすると、アンペールの周回路の法則から次式が得られます。

$$H_1\Delta l_1 + H_2\Delta l_2 + \cdots H_n\Delta l_n = I$$

円周上を一周する閉曲線の長さ $\Delta l_1 + \Delta l_2 + \cdots + \Delta l_n\,[m]$ は、半径 $r\,[m]$ の円周 $2\pi r$ に等しいので、$H_1 = H_2 = \cdots = H_n = H$ より

$$H_1\Delta l_1 + H_2\Delta l_2 + \cdots H_n\Delta l_n = H(\Delta l_1 + \Delta l_2 + \cdots + \Delta l_n) = H \times 2\pi r$$

となり、

$$H \times 2\pi r = I$$

が得られます。

したがって、点 P の磁界の大きさ $H\,[A/m]$ は、次式で表されます。

$$H=\frac{I}{2\pi r} \qquad (4-8)$$

答：$H=\dfrac{I}{2\pi r}$

[例題4－8]

直線状導体から4 [cm] 離れた点の磁界の大きさが8 [A/m] であった。この導体に流れている電流を求めなさい。

[解答]

式（4－8）より

$$I=H\times 2\pi r= 8\times 2\pi\times 0.04=2.01\ [A]$$

が得られます。

答：2.01 [A]

[例題4－9]

5 [A] の電流が流れている直線状導体がある。導体から4 [cm] および8 [cm] 離れた点の磁界の大きさを求めなさい。また、導体からの距離と磁界の大きさにはどのような関係があるか説明しなさい。

[解答]

式（4－8）より

$$H=\frac{I}{2\pi r}=\frac{5}{2\pi\times 0.04}\approx 20\ [A/m]$$

$$H=\frac{I}{2\pi r}=\frac{5}{2\pi\times 0.08}\approx 10\ [A/m]$$

が得られます。

上記の計算から、導体からの距離が4 [cm] から2倍の8 [cm] になれば磁界の強さは1/2に小さくなります。したがって、導体からの距離と磁界の大きさは反比例の関係になります。

答：20 [A/m]、10 [A/m]、反比例

[例題 4 −10]

コイルの半径 r が0.3 [m]、電流 I が0.2 [A]、コイルの巻数 N が20のときの、コイルの中心の磁界の大きさ H を求めなさい。

[解答]

式（4 − 6）より、コイルの巻数 N の場合は

$$H=\frac{NI}{2r}$$

となります。これに題意の数値を代入します。

$$H=\frac{20\times0.2}{2\times0.3}=6.67\ [A/m]$$

答：6.67 [A/m]

[例題 4 −11]

1 [m] あたりの巻数 N の無限に長いソレノイドコイルに電流 I [A] を流したとき、ソレノイドコイル内部に生じる磁界の大きさ H [A/m] を求めなさい（図 4 − 6）。

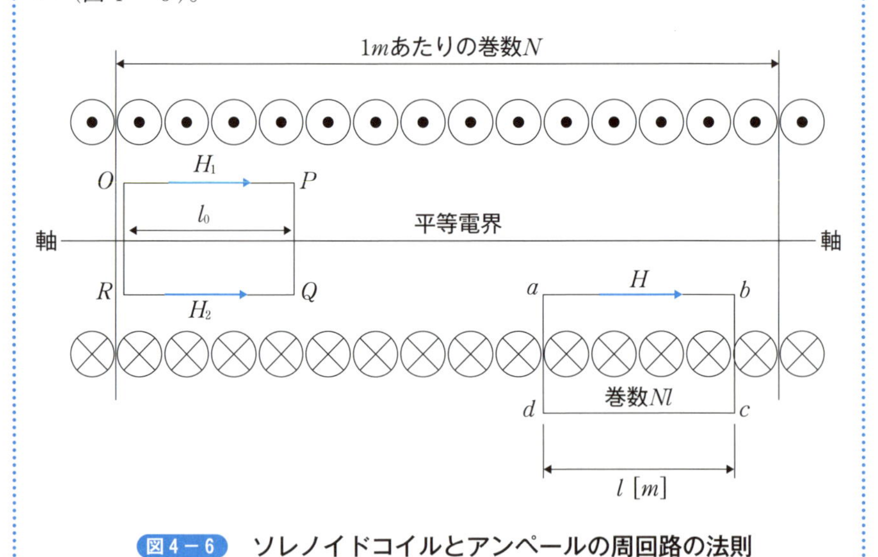

図 4 − 6　ソレノイドコイルとアンペールの周回路の法則

[解答]

コイルを筒状に巻いたソレノイドコイルの磁界は、ソレノイドコイルの軸と平行な向きに生じ、ソレノイドコイルの軸と平行な同一線上の磁界の大きさは同じ

になります。

ソレノイドコイルの内部でアンペールの周回路の法則を適用します。図4－6のように、ソレノイドコイル内部の任意の場所で、2辺がソレノイドコイルの軸に平行な長方形の閉回路 $OPQR$ を考えます。長さ l_0 の線分 OP、QR 上に大きさ $H_1[A/m]$、$H_2[A/m]$ の磁界が右向きに生じているとします。線分 PQ、OR の向きの磁界の大きさは0です（コイルに直角方向には磁界は発生しません）。ソレノイドコイルの内部、すなわち $OPQR$ の内部には電流が流れていないので、式（4－7）から

$$H_1 l_0 + 0 + (-H_2 l_0) + 0 = 0$$

となります。したがって、

$$H_1 = H_2$$

となり、ソレノイドコイル内部の磁界の大きさと向きはどこでも同じになります。このような磁界を平等磁界といます。

次に、コイルの長さ $l\,[m]$ を囲むように閉回路 $abcd$ を考えます。この閉回路にアンペールの周回路の法則を適用します。ここで、ソレノイドコイル内部に右向きに生じている磁界（平等磁界）の大きさを $H\,[A/m]$ とします。すなわち、ソレノイドコイル内部の閉回路の線分 ab 上に右向きに大きさ H の磁界が生じているとします。また、線分 bc と線分 da のソレノイドコイル内部の磁界はコイルに直角方向なので0になります。線分 cd 方向の磁界は、ソレノイドコイル外部は磁界がないので0になります。

したがって、アンペールの周回路の法則から、$abcd$ の内部に流れる電流はコイルの長さ $l\,[m]$ 間の巻数が Nl になるので、式（4－7）は

$$Hl = Nl \cdot I$$

となります。

これより

$$H = NI \qquad (4-9)$$

が得られます。

答：$H = NI$

第 5 章
磁束と磁束密度

磁石から発生する磁力線と磁束の関係、磁束と磁束密度について説明します。はじめに平等磁界中におかれた直線導体に働く電磁力について、具体的には、電磁力の方向を見つけるフレミングの左手の法則について説明します。また、平等磁界中におかれた方形コイルに働く電磁力について説明します。最後に、方形コイルに働くトルクとコイルの回転にともなうトルクの変化について説明します。

5-1 磁界の強さと磁束密度

磁束は、磁石の磁極から出入りするので、N 極から出た磁束の量は、S 極に入る磁束の量に等しくなります（図5－1）。磁束は磁石の中にも貫通します。

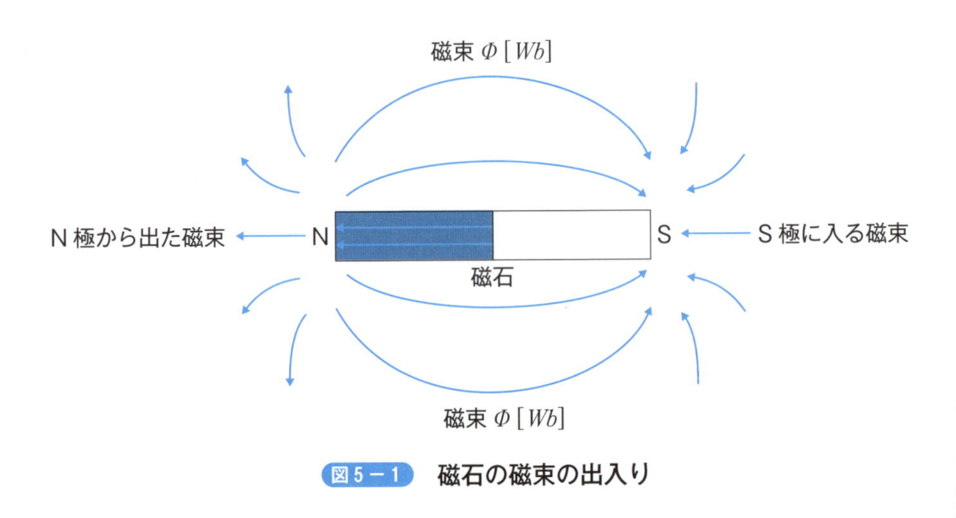

図5－1　磁石の磁束の出入り

磁界中の任意の場所で面積 S [m^2] を磁力線が N 本貫通しているとします（図5－2（a））。磁界中の物質の透磁率を μ とすると、次式で定義した Φ（ファイ）を**磁束**（*magnetic flux*）といいます。磁束の単位は、[Wb] が用いられます。

$$\Phi = \mu N \qquad (5-1)$$

また、磁束に垂直な単位面積を貫く磁束を**磁束密度**（*magnetic flux density*）といいます（図5－2（b））。磁束密度 B の単位には、テスラ（*tesla*、単位記号 T）が用いられます。

すなわち、

$$B = \frac{\Phi}{S} \qquad (5-2)$$

です。ここで、磁束の単位 T は、$\left[\dfrac{Wb}{m^2} \equiv T\right]$ の関係になります。断面積 S の単位が [cm^2] であれば [m^2] の単位に換算する必要があります。

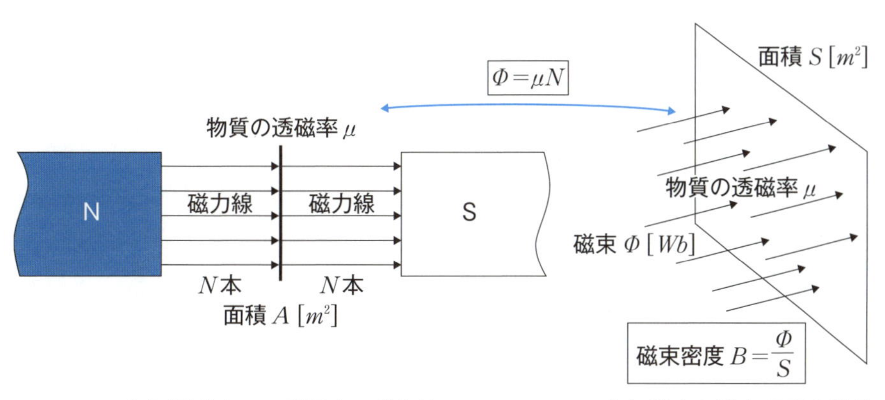

(a) 透磁率μの磁界中の磁力線　　(b) 磁束と磁束密度の関係

図５－２　磁力線と磁束の関係

磁界の大きさ $H\,[A/m]$ と磁束密度 $B\,[T]$ の間には、式（５－１）と式（５－２）から次式が成り立ちます。

$$B=\frac{\Phi}{S}=\frac{\mu N}{S}=\mu\frac{N}{S}=\mu H \qquad (5-3)$$

ここで、$\frac{N}{S}=H$ です。すなわち、磁力線の密度 $\frac{N}{S}$ は磁界の大きさ $H\,[A/m]$ に等しくなります。

［例題５－１］

磁石の断面積を $S=10\,[cm^2]$ とし、磁束を $\Phi=4\times10^{-6}\,[Wb]$ とすると、磁束密度 $B\,[T]$ はいくらになるか。

［解答］

式（５－２）から

$$B=\frac{\Phi}{S}=\frac{4\times10^{-6}\,[Wb]}{10\times10^{-4}\,[m^2]}=0.4\times10^{-2}\left[\frac{Wb}{m^2}\right]=0.004\,[T]$$

となります。

答：$0.004\,[T]$ または $4\,[mT]$

［例題5－2］

　空気中におかれた磁石の磁界の大きさが $H=20\ [A/m]$ である。空気の透磁率 μ は、真空の透磁率 $\mu_0=4\pi\times10^{-7}[H/m]$ とほぼ同じ値として、磁束密度を求めなさい。

［解答］

　式（5－2）から

$$B=\mu H\approx\mu_0 H=(4\pi\times10^{-7})\times20=8\pi\times10^{-6}[T]=2.51\times10^{-5}[T]$$

となります。

答：$2.51\times10^{-5}[T]$

5－2 電磁力

磁石のN極とS極の間に導体を支柱からつり下げておき、この状態で導体に電流を流します（図５－３（a））。導体には図示の向きに電流が流れているとします。導体の左側では、磁極による磁束と電流による磁束の向きが同じになるため、磁束が加わりあって磁束密度が大きくなります（図５－３（b））。逆に、導体の右側では、磁極による磁束と電流による磁束の向きが反対になるため、磁束は互いに打ち消しあって磁束密度が小さくなります。

磁力線の性質（磁力線は、ゴムひものようにつねに縮もうとする）から、導体は磁束密度の小さい方へ押され、図中の矢印の向きに動くことになります。このように導体が受ける力を電磁力といいます。

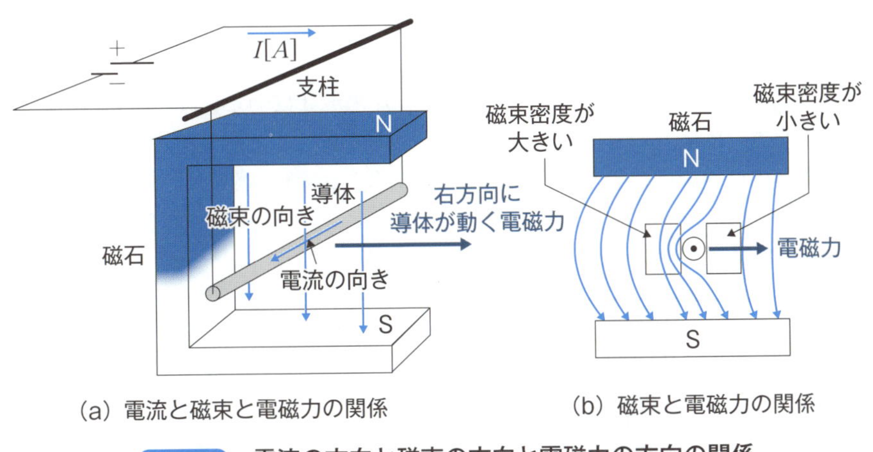

（a）電流と磁束と電磁力の関係　（b）磁束と電磁力の関係

図５－３ 電流の方向と磁束の方向と電磁力の方向の関係

電磁力の向きを見つける方法として、**フレミングの左手の法則**があります（図５－４）。

「左手の親指、人差し指、中指を、互いに垂直になるように開き、人差し指を磁界の方向に、中指を電流の方向に向けると、親指の向きが力の方向に一致する」

という人間の手の指を使った法則です。

すなわち、磁石がつくる平等磁界内で、垂直に直線導体をおいて、図の向きに電流を流すと、導体に働く力の向きは上方向となり、磁界の向きと直線導体（電流の方向）と導体に働く力の向きは互いに垂直になります。

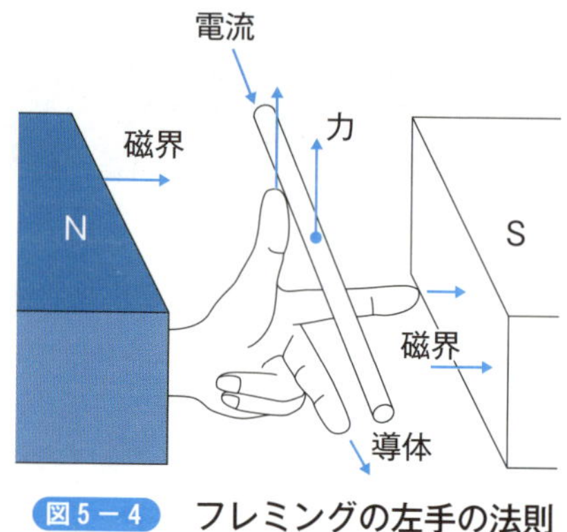

図5－4　フレミングの左手の法則

磁界中の直線導体の長さを $l\,[m]$、導体に流れる電流の大きさを $I\,[A]$、磁束密度の大きさを $B\,[T]$ とすると、直線導体に働く力の大きさ $F\,[N]$ は、次式で表されます。

$$F=BIl \qquad (5-4)$$

導体の向きが磁界の向きに対して θ の角度にあるとき、導体に働く力 $F\,[N]$ は、次式で表されます。すなわち、長さ $l\,[m]$ の導体に働く力は、磁界に垂直におかれた $l'=l\sin\theta$ の導体に働く力に等しいと考えることができます。図の場合は、導体には、紙面の表から裏に向かう力が働きます（⊗、クロス記号）。

$$F=BIl\sin\theta \qquad (5-5)$$

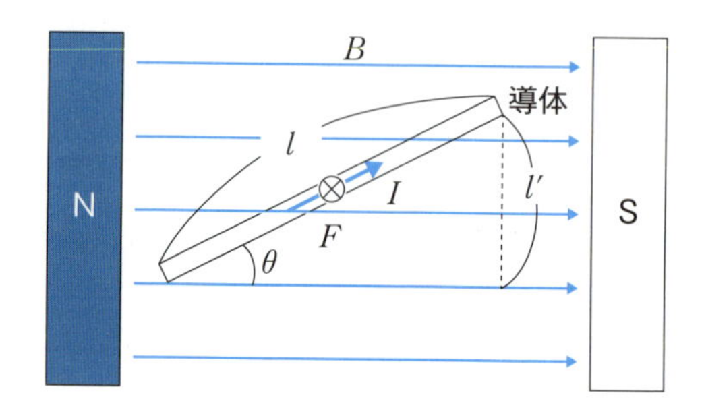

図5－5　導体の角度と電磁力の関係

[例題５－３]

図５－６のように、磁界と平行に直線導体をおいたとき、導体に働く力の大きさを求めなさい。

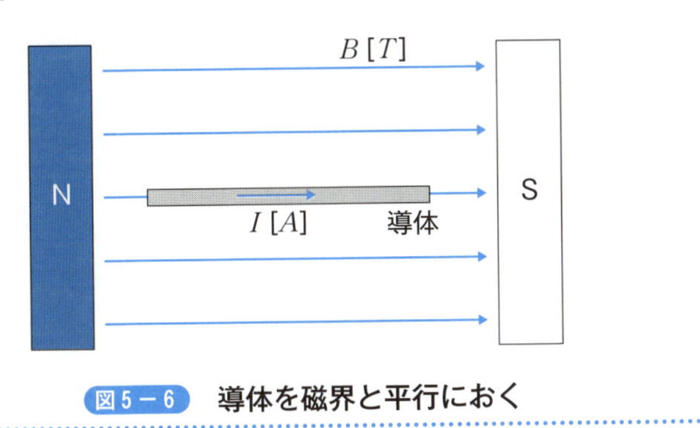

図５－６　**導体を磁界と平行におく**

[解答]

導体を磁界と平行におくと、式（５－５）において、$\theta=0°$となるので、$\sin 0° = 0$から

$$F=BIl\sin\theta=BIl\sin 0° = 0\ [N]$$

となります。したがって、導体に働く力は０となります。電流の方向には無関係に力は０になります。

答：導体に働く力は０となる

[例題５－４]

磁束密度$B=0.4\ [T]$の平等磁界に垂直に、長さ30cmの導体をおき、導体に30Aの電流を流したとの導体に働く力を求めなさい。

[解答]

フレミングの右手の法則の式（５－４）より

$$F=BIl=0.4\times30\times0.3=3.6\ [N]$$

が得られます。

答：3.6 $[N]$

［例題５－５］

磁束密度$B=3$［T］の磁界中に、電流$I=4$［A］が流れている導体（長さ$l=0.5$［m］）がおかれている。磁界の向きが電流の向きに対して30°の角度をなすとき、導体に働く力の大きさを求めなさい。

［解答］

式（５－５）に、題意の数値を代入します。

$$F=BIl\sin\theta=3\times4\times0.5\times\sin 30^\circ=3\,[N]$$

答：3［N］

［例題５－６］

図５－５において、磁束密度$B=2$［T］、電流$I=12$［A］、磁界中の導体の長さ$l=0.3$［m］としたとき、導体と磁界のなす角度θが0°、30°、90°、120°、135°のそれぞれの場合の導体に働く力を求めなさい。

［解答］

題意のそれぞれの角度について、式（５－５）で計算します。

$\theta=0^\circ$の場合：$F=BIl\sin\theta=2\times12\times0.3\times\sin 0^\circ=0\,[N]$

$\theta=30^\circ$の場合：$F=BIl\sin\theta=2\times12\times0.3\times\sin 30^\circ=3.6\,[N]$

$\theta=90^\circ$の場合：$F=BIl\sin\theta=2\times12\times0.3\times\sin 90^\circ=7.2\,[N]$

$\theta=120^\circ$の場合：$F=BIl\sin\theta=2\times12\times0.3\times\sin 120^\circ=6.25\,[N]$

$\theta=135^\circ$の場合：$F=BIl\sin\theta=2\times12\times0.3\times\sin 135^\circ=5.09\,[N]$

答：0［N］、3.6［N］、7.2［N］、6.25［N］、5.09［N］

［例題５－７］

空気中で、磁界の大きさが150 $[A/m]$ の平等磁界中に、直線導体を磁界の方向に対して30° の角度をなすようにおいた（図５－７）。導体に40 $[A]$ の電流を流したときの導体の単位長さ当りに働く電磁力の大きさを求めなさい。また電磁力の方向をクロスまたはドットで答えなさい。ただし、真空の透磁率を $\mu=4\pi\times10^{-7}[H/m]$ とする。

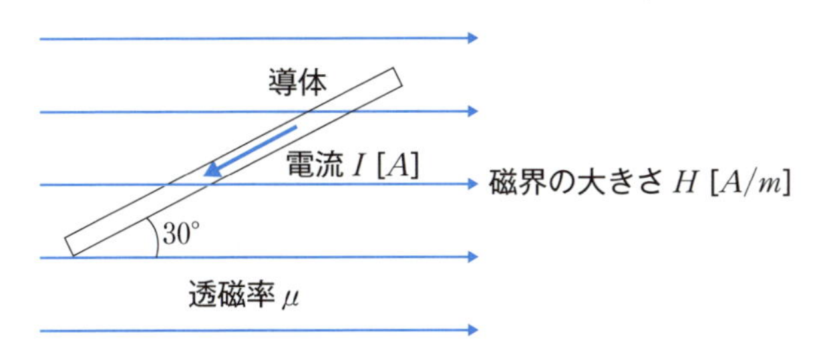

図５－７　透磁率 μ の空気中の磁界に導体をおく

［解答］

磁界の大きさ $H=150\,[A/m]$ から式（５－３）を用いて磁束密度 $B\,[T]$ を求めると

$$B=\mu_0 H=4\pi\times10^{-7}\times150=1.885\times10^{-4}\,[T]$$

が得られます。空気中の透磁率 μ は、真空中の透磁率 μ_0 にほぼ等しいとします。

したがって、導体の単位長さ（$l=1\,[m]$）当りに働く力の大きさは、式（５－５）から

$$F=Bl\,sin\,\theta=1.885\times10^{-4}\times40\times1\times sin\,30°=3.77\times10^{-3}\,[N/m]$$

が得られます。

電磁力の方向は、フレミングの左手の法則からドット（紙面の裏から表に向く方向）になります。

答：$F=3.77\times10^{-3}\,[N/m]$、電磁力の方向は ⊙（ドット）

5-3 方形コイルに働くトルク

平等磁界中におかれた方形コイルに働く力について考えてみます（図5－8(a)）。方形コイルには図中の矢印の向きに電流 $I\,[A]$ が流れているとします。方形コイルの ab と cd の部分に働く力の大きさ $F\,[N]$ は、式（5－4）より

$$F = BIl_1$$

となります。この力の向きは図5－8（b）に示すように互いに逆向きになります。また、方形コイルの bc と da の部分には打ち消し合って力が働かないので、XY を軸として方形コイルを回転させようとする力が働きます。このような力を**トルク**（*torque*）といい、その大きさは「力×回転の腕の長さ」に比例します。

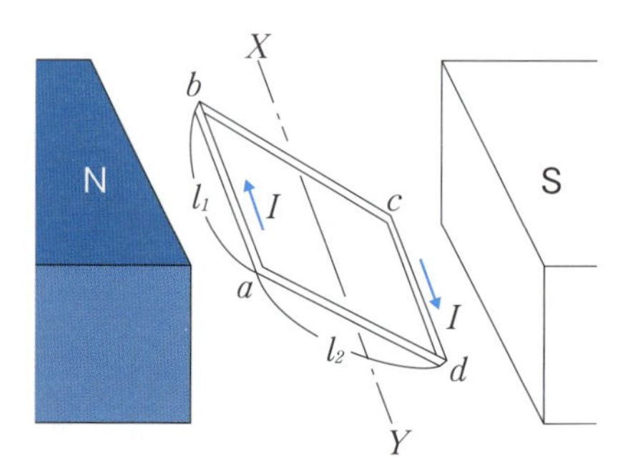

(a) 平等磁界中に方形コイルをおく

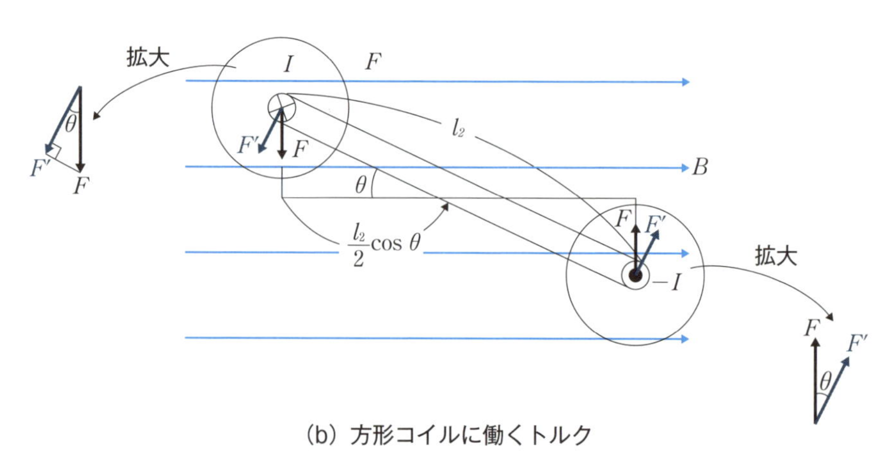

(b) 方形コイルに働くトルク

図5－8 方形コイルとトルク

磁界の磁束密度を $B\,[T]$、コイルの寸法を $l_1\,[m]$、$l_2\,[m]$ とし、コイルに流れる電流を $I\,[A]$ とすると、コイルに働くトルク $T\,[N{\cdot}m]$ は、次式で表されます。

$$T = \frac{l_2}{2}\cos\theta\,F + \frac{l_2}{2}\cos\theta\,F = l_2\cos\theta\,F = l_2\cos\theta \times BIl_1 = BIl_1 l_2\cos\theta \qquad (5-6)$$

ここで、$l_1 l_2$ はコイルの面積であるので、これを $A\,[m^2]$ とすると、トルク $T\,[N{\cdot}m]$ は

$$T = BIA\cos\theta \qquad (5-7)$$

となります。

コイルの巻数を多くすると、より大きなトルクが得られます。コイルの巻数を N とするとトルク $T\,[N{\cdot}m]$ は

$$T = BIAN\cos\theta \qquad (5-8)$$

となります。

［例題５－８］

磁束密度 $B=0.5\,[T]$、電流 $I=2\,[A]$、コイルの面積 $A=0.06\,[m^2]$ のとき、磁束に平行なコイルに働くトルク $T\,[N{\cdot}m]$ を求めなさい。

［解答］

式（５－７）より $\cos\theta=1$ であるので

$$T = BIA = 0.5 \times 2 \times 0.06 = 0.06\,[N{\cdot}m]$$

が得られます。

答：$T=0.06\,[N{\cdot}m]$

［例題５－９］

磁束密度 $B=0.2\,[T]$、電流 $I=3\,[A]$、コイルの面積 $A=0.06\,[m^2]$、巻数 $N=1000$ のときのコイルに働く最大トルク $T\,[N{\cdot}m]$ を求めなさい。

［解答］

式（５－８）より

$$T = BIAN = 0.2 \times 3 \times 0.06 \times 1000 = 36\,[N{\cdot}m]$$

が得られます。

答：$T=36\,[N{\cdot}m]$

[例題 5 −10]

巻数 $N=300$、面積 $A=0.002$ [m^2] のコイルが磁束密度 $B=0.5$ [T] の平等磁界中におかれている（図 5 − 8 参照)。コイルに電流 $I=0.2$ [A] を流したときのコイルに働く最大トルク T [$N\cdot m$] を求めなさい。また、電流 I を 2 倍または $\frac{1}{2}$ 倍に増減させたときトルク T [$N\cdot m$] は、どのような変化をするのか具体的な数値で比較しなさい。

[解答]

式（5 − 8）よりトルクは $\theta=0$ のとき最大で $\cos\theta=1$ より

$$T=BIAN=0.5\times0.2\times0.002\times300=0.06\ [N\cdot m]$$

が得られます。

電流 I が 2 倍になると、トルクは

$$T=B\cdot 2I\cdot A\cdot N=0.5\times 2\times0.2\times0.002\times300=0.12\ [N\cdot m]$$

となり、2 倍に増えます。

電流 I が $\frac{1}{2}$ 倍になると、トルクは

$$T=B\cdot\frac{1}{2}I\cdot A\cdot N=0.5\times\frac{1}{2}\times0.2\times0.002\times300=0.03\ [N\cdot m]$$

となり、$\frac{1}{2}$ に減ります。

答：0.06 [$N\cdot m$]、0.12 [$N\cdot m$]、0.03 [$N\cdot m$]

5－4 コイルの回転にともなうトルクの変化

平等磁界中にコイルをおき、コイルに電流を流すとコイルにトルクが働きます。トルクの大きさは、磁界中のコイルの位置によって変わります。図5－8(b) に示すように、θだけ回転したところでは、コイルを回転させようとして有効に働く腕の長さは$l=\frac{l_2}{2}\cos\theta$となります。

たとえば、

$\theta=30°$では、$l=\frac{l_2}{2}\cos 30°=0.866\frac{l_2}{2}$

$\theta=90°$では、$l=\frac{l_2}{2}\cos 90°=0$

となります。

すなわち、磁界の向きに対してコイルの面のなす角度がθのとき、コイルに働くトルクT[N·m]は、次式で表されます。

$$T=BIAN\cos\theta \qquad (5-9)$$

[例題5－11]

断面積A[m^2]、巻数Nの矩形コイルに電流I[A]が流れており、磁束密度B[T]の平等磁界中で磁界に垂直な軸の回りに周期T（1回転に要する時間）で回転している。このときコイルに発生するトルクT[N·m]の変化を図示しなさい。

[解答]

コイルが1回転するときの磁束Φは、時間をt[s]とすると、コイルが磁界と平行になる$\theta=0\,(t=0)$と$\theta=\pi\left(t=\frac{T}{2}\right)$のときが最小$\Phi=0$となり、コイルが磁界の方向に対し垂直となる$\theta=\frac{\pi}{2}\left(t=\frac{T}{4}\right)$と$\theta=\frac{3}{2}\pi\left(t=\frac{3}{2}T\right)$のときが最大になります。

一方、コイルの巻数と流れる電流が一定であれば、トルクT[N·m]の変化は、磁束Φの変化と$\frac{\pi}{2}$ずれます。すなわち、$\theta=0$（$t=0$）と$\theta=\pi\left(t=\frac{T}{2}\right)$の

ときがトルク T が最大になります。

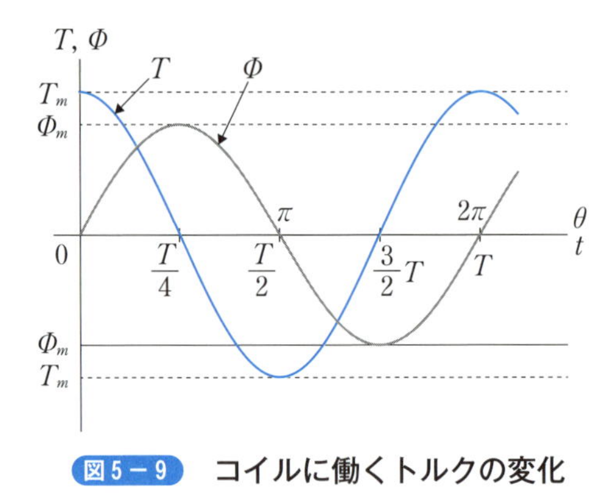

図5−9　コイルに働くトルクの変化

答：図5－9

第6章 磁気回路

環状鉄心にコイルを巻いて電流を流したときの起磁力と磁気抵抗について説明します。また、物質の透磁率と比透磁率について説明します。次に、磁気回路における磁束密度と磁界の強さについて説明します。最後に、磁気回路と電気回路の対応について説明します。電気回路と対応させることにより、オームの法則など電気回路の基本法則を適用することができます。例として、エアギャップのある環状鉄心について磁気回路と電気回路の対応について説明します。

6－1 起磁力と磁気抵抗

環状鉄心のまわりに一様に電線を巻きます（図6－1）。電線に電流を流すと、鉄心中に磁束が生じます。鉄心以外の空間には、ほとんど磁束は生じません。

磁束 $\Phi\,[Wb]$ は、コイルの巻数 N と電流 I との積に比例します。この磁束を生じる原動力を**起磁力**（*magnetomotive force*）といいます。起磁力 F_m はコイルに流れる電流そのものであり、コイルに流れる電流 I と巻数 N との積 $NI\,[A]$ で表されます。起磁力の単位記号は F_m が使われ、単位は $[A]$ です。

$$F_m = NI \qquad (6-1)$$

次に、磁束が通る通路を、**磁路**（*magnetic path*）または**磁気回路**（*magnetic circuit*）といいます。図6－1に示す磁気回路において、起磁力 $NI\,[A]$ と磁束 $\Phi\,[Wb]$ との比を磁気回路の**磁気抵抗**（*reluctance*）といいます。

磁気抵抗 R_m は

$$R_m = \frac{NI}{\Phi} \qquad (6-2)$$

のように表します。磁気抵抗の単位は $[A/Wb]$ となりますが、一般には、毎ヘンリー（単位記号 H^{-1}）が使われます。すなわち、$1\,[H^{-1}] = 1\,[A/Wb]$ です。

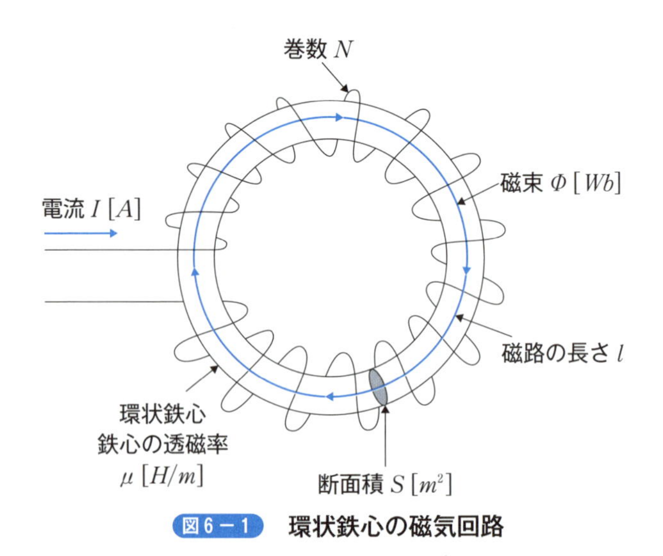

図6－1 環状鉄心の磁気回路

磁気抵抗は、磁束の通りにくさを表しています。

磁気抵抗 $R_m\ [H^{-1}]$ は磁路の長さ $l\ [m]$ に比例し、鉄心の断面積 $A\ [m^2]$ に反比例します。すなわち、

$$R_m = \frac{l}{\mu S} \qquad (6-3)$$

のように表されます。式（6－2）と式（6－3）から、磁束 Φ は次のように表されます。

$$\Phi = \frac{NI}{\dfrac{l}{\mu S}} = \frac{\mu ANI}{l} \qquad (6-4)$$

このことから、起磁力 NI が一定であれば、磁束 Φ は鉄心の断面積 A が大きいほど通りやすくなり、磁路 l が長いほど通りにくいことがわかります。

式（6－3）の μ は**透磁率**（*permeability*）と呼ばれます。この値は、磁路をつくる物質によって異なります。μ の単位はヘンリー毎メートル $[H/m]$ が使われます。

透磁率 μ が大きいほど磁気回路の磁気抵抗は小さく、磁束が生じやすくなります。すなわち Φ が大きくなります。

磁気回路の透磁率 μ は、電気回路の導電率 κ に相当します。

［例題6－1］

透磁率 $\mu = 5\times10^{-3}[H/m]$、磁路の長さ $l = 40\ [cm]$、磁路の断面積 $S = 6\ [cm^2]$ の環状鉄心がある。この環状鉄心の磁気回路の磁気抵抗を求めなさい。

［解答］

式（6－3）から

$$R_m = \frac{l}{\mu S} = \frac{40\times10^{-2}}{5\times10^{-3}\times6\times10^{-4}} = 1.33\times10^5\ [H^{-1}]$$

となります。

答：$1.33\times10^5\ [H^{-1}]$

［例題６－２］

巻数1600回のコイルに、電流0.3Aを流すときの起磁力はいくらになるか。また、巻数800回のコイルで、同じ起磁力を生じさせるには、何アンペアの電流を流せばよいか答えなさい。

［解答］

式（６－１）より

$$F_m = NI = 1600 \times 0.3 = 480\ [A]$$

が得られます。

次に、$I = \dfrac{F_m}{N}$ より

$$I = \frac{480}{800} = 0.6\ [A]$$

が得られます。

答：$F_m = 480\ [A]$、$I = 0.6\ [A]$

［例題６－３］

磁路の長さ $l = 0.8\ [m]$、鉄心の断面積 $A = 30\ [cm^2]$、磁気抵抗 $R_m = 3 \times 10^6\ [H^{-1}]$ の環状鉄心がある。鉄心の透磁率を求めなさい。

［解答］

式（６－３）に題意の数値を代入します。

$$\mu = \frac{l}{R_m A} = \frac{0.8}{3 \times 10^6 \times 30 \times 10^{-4}} = 8.889 \times 10^{-5}\ [H/m]$$

答：$8.889 \times 10^{-5}\ [H/m]$

6－2 透磁率と比透磁率

種々の物質の透磁率 μ と真空の透磁率 $\mu_0 = 4\pi \times 10^{-7} [H/m]$ の比を**比透磁率**（*relative permeability*）いいます。

比透磁率 μ_r は次式で表されます。

$$\mu_r = \frac{\mu}{\mu_0} \quad (6-5)$$

$$\mu = \mu_0 \mu_r \quad (6-6)$$

種々の物質の比透磁率を表6－1に示します。

$\mu_r \gg 1$ の物質は、**強磁性体**（*ferromagnetic material*）といいます。磁界の向きに強く磁化される性質があります。鉄やニッケルがこれにあたります。これ以外に、フェライト、パーマロイのようなフェリ磁性体も強く磁化される物質です。

$\mu_r > 1$ の物質は、**常磁性体**（*paramagnetic material*）といいます。強磁性体に比べるときわめてわずかに磁化される物質で、アルミニウムがこれにあたります。

$\mu_r < 1$ の物質は、**反磁性体**（*diamagnetic material*）といいます。磁界と反対向きにわずかに磁化される物質で、銀や銅がこれにあたります。

表6－1　種々の物質の比透磁率

物質	μ_r
銀	0.9999736
銅	0.9999906
空気	1.000000365
アルミニウム	1.000214
純鉄	200～8000
ニッケル	250～400
けい素鋼	500～7000
フェライト	650～5000
パーマロイ	8000～10000

[例題6−4]

比透磁率が1000であるけい素鋼の透磁率を求めなさい。

[解答]

式（6−6）より

$$\mu=\mu_0\mu_r=4\pi\times10^{-7}\times1000=1.26\times10^{-3}[H/m]$$

答：$1.26\times10^{-3}[H/m]$

[例題6−5]

環状鉄心にコイルが巻いてあり、コイルに電流を流したときの鉄心内の磁束が$4\times10^{-4}[Wb]$であった（図6−1参照）。環状鉄心を取り除いてコイルのみにした場合、同じ電流を流したときのコイル内の磁束は$2\times10^{-6}[Wb]$に変化した。環状鉄心の比透磁率を求めなさい。ただし、空気の比透磁率を1とする。

[解答]

式（6−4）において、環状鉄心内の磁束をΦ_1、環状鉄心を取り除いたコイル内の磁束をΦ_2とすると、それぞれ次式となります。

$$\Phi_1=\frac{\mu_1 ANI}{l} \qquad (6-7)$$

$$\Phi_2=\frac{\mu_2 ANI}{l} \qquad (6-8)$$

ここで、コイルの断面積Aと磁路の長さlは、環状鉄心の場合と等しいとします。式（6−7）と式（6−8）から

$$\frac{\Phi_1}{\Phi_2}=\frac{\mu_1}{\mu_2}=\frac{\mu_0\mu_{r1}}{\mu_0\mu_{r2}}=\frac{\mu_{r1}}{\mu_{r2}}$$

となるので、

$$\mu_{r1}=\frac{\Phi_1}{\Phi_2}\mu_{r2}=\frac{4\times10^{-4}}{2\times10^{-6}}\times1=200$$

が得られます。

答：200

6－3 磁束密度と磁界の大きさ

環状鉄心の磁気回路において、鉄心内の磁束密度を $B\,[T]$ とすれば、式（6－4）により次式が得られます。

$$B=\frac{\Phi}{S}=\frac{\mu NI}{l} \qquad (6-9)$$

また、鉄心内の磁界の大きさ $H\,[A/m]$ は、式 $H=\dfrac{B}{\mu}$ により

$$H=\frac{B}{\mu}=\frac{1}{\mu}\frac{\mu NI}{l}=\frac{NI}{l} \qquad (6-10)$$

と表されます。すなわち、鉄心内の磁界の大きさ H は、磁路の単位長あたりの起磁力で表されます。

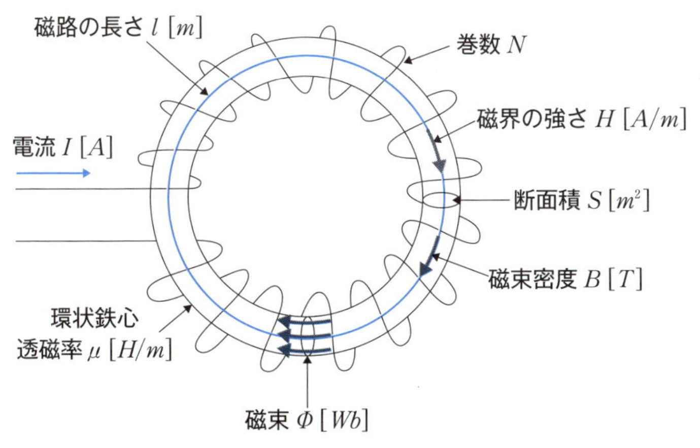

図6－2　磁束密度と磁界の大きさの関係

[例題6－6]

透磁率 $\mu=14.5\times10^{-5}\,[H/m]$、断面積 $S=32\,[cm^2]$、磁路の長さ $l=15\,[cm]$ の環状鉄心に巻数 $N=120$ のコイルが巻かれている。コイルに電流 $I=12\,[A]$ を流したときの鉄心内に生じる磁束 Φ を求めなさい。

[解答]

式（6－4）から

$$\Phi=\frac{\mu ANI}{l}=\frac{14.5\times10^{-5}\times32\times10^{-4}\times120\times12}{15\times10^{-2}}=4.45\times10^{-3}[Wb]$$

が得られます。

答：$4.45\times10^{-3}[Wb]$

[例題６－７]

磁路の長さ $l=0.7\ [m]$ の環状鉄心に巻数 $N=7000$ のコイルが巻かれている。コイルに電流 $I=0.1\ [A]$ を流したときの起磁力と磁界の大きさを求めなさい。

[解答]

起磁力は、式（６－１）より

$$F_m=NI=7000\times0.1=700\ [A]$$

となります。

磁界の大きさは、式（６－10）より

$$H=\frac{NI}{l}=\frac{700}{0.7}=1000\ [A/m]$$

となります。

答：$F_m=700\ [A]$、$H=1000\ [A/m]$

[例題６－８]

図６－２において、コイルの巻数 $N=8000$、電流 $I=5\ [mA]$、磁路の長さ $l=0.6\ [m]$、比透磁率 $\mu_r=550$、磁路の断面積 $S=1.4\times10^{-4}[m^2]$ としたときの磁束密度 $B\ [T]$ と磁界 $H\ [A/m]$ の大きさを求めなさい。

[解答]

磁束密度は、式（６－９）より

$$B=\frac{\Phi}{S}=\frac{\mu NI}{l}=\frac{\mu_0\mu_r NI}{l}=\frac{4\pi\times10^{-7}\times550\times8000\times0.005}{0.6}$$

$$=0.0461\ [T]$$

が得られます。

したがって、磁束は

$$\Phi=BA=0.0461\times1.4\times10^{-4}=6.454\times10^{-6}[Wb]$$

となります。

磁界の大きさは、式（６－10）より

$$H = \frac{NI}{l} = \frac{8000 \times 0.005}{0.6} = 66.7\ [A/m]$$

が得られます。

<u>答：$B = 0.0461\ [T]$、$\Phi = 6.454 \times 10^{-6}\ [Wb]$、$H = 66.7\ [A/m]$</u>

6－4 磁気回路と電気回路の対応

磁気回路は、電気回路と対応させることができます（図6－3）。この対応を利用することにより、磁気回路は、電気回路のオームの法則などの基本法則を適用することができます。表6－2は、磁気回路と電気回路の対応表です。

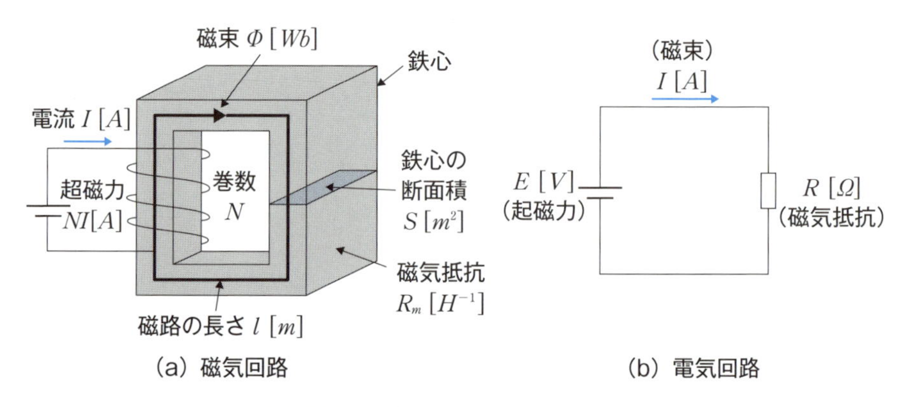

図6－3 磁気回路と電気回路の対応

表6－2 磁気回路と電気回路の対応

磁気回路		電気回路	
起磁力	$NI\,[A]$	起電力	$E\,[V]$
磁束	$\Phi\,[Wb]$	電流	$I\,[A]$
磁気抵抗	$R_m = \dfrac{1}{\mu}\dfrac{l}{S}\,[H^{-1}]$	電気抵抗	$R = \dfrac{1}{\sigma}\dfrac{l}{S}\,[\Omega]$
透磁率	$\mu\,[H/m]$	導電率	$\sigma\,[S/m]$

磁気回路と電気回路の具体的な対応例として、エアギャップのある磁気回路について説明します（図6－4 (a)）。

透磁率 $\mu\,[H/m]$、磁路の長さ $l_1\,[m]$、断面積 $S\,[m^2]$ の鉄心に、$l_2\,[m]$ の隙間（エアギャップ）があるとします。この場合の磁気回路は、鉄心の磁気抵抗 $R_1 = \dfrac{l_1}{\mu S}\,[H^{-1}]$ と、エアギャップの磁気抵抗 $R_2 = \dfrac{l_2}{\mu_0 S}\,[H^{-1}]$ の直列接続回路と考えることができます。磁気回路に対応する電気回路を図6－4（b）に示します。

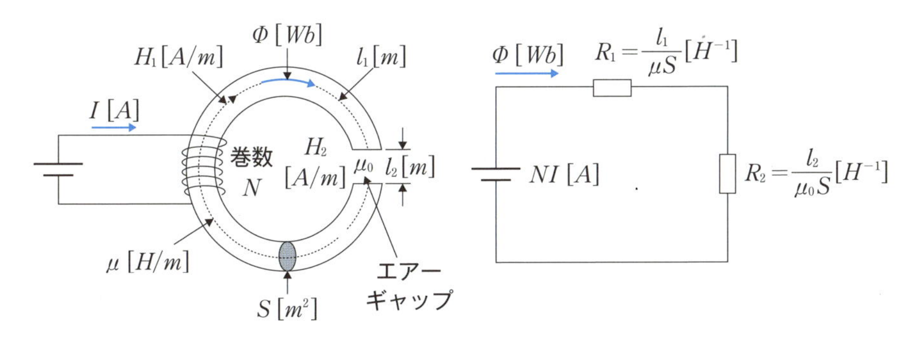

（a）エアキャップのある磁気回路　　（b）磁気回路に対応する電気回路

図6－4　エアギャップのある磁気回路と対応する電気回路

図6－4（a）において、コイルの巻数をN、コイルに流す電流を$I\,[A]$とすると、起磁力は$NI\,[A]$となります。コイルに生じる磁束を$\Phi\,[Wb]$とすると、磁束Φは次式で表されます。

$$\Phi=\frac{NI}{R_1+R_2}=\frac{NI}{\dfrac{l_1}{\mu S}+\dfrac{l_2}{\mu_0 S}} \qquad (6-11)$$

したがって、起磁力NIは

$$NI=\Phi\left(\frac{l_1}{\mu S}+\frac{l_2}{\mu_0 S}\right)=\frac{l_1\Phi}{\mu S}+\frac{l_2\Phi}{\mu_0 S} \qquad (6-12)$$

となります。ここで、$\dfrac{\Phi}{S}=B\,[Wb/m^2]$なので、式（6－12）は

$$NI=\frac{B}{\mu}l_1+\frac{B}{\mu_0}l_2 \qquad (6-13)$$

となります。さらに、$\dfrac{B}{\mu}=H_1$（鉄心中の磁界）、$\dfrac{B}{\mu_0}=H_2$（エアギャップの磁界）であるので、式（6－13）は

$$NI=\frac{B}{\mu}l_1+\frac{B}{\mu_0}l_2=H_1l_1+H_2l_2 \qquad (6-14)$$

となります。H_1l_1は鉄心に磁束密度$B\,[T]$を生じるのに必要な起磁力であり、H_2l_2はエアギャップに同じ磁束密度$B\,[T]$が生じるのに必要な起磁力であると考

えることができます。

したがって、それぞれの起磁力の総和は、磁気回路全体の起磁力 NI に等しいということができます。

[例題 6 −10]

図 6 − 4 の磁気回路において、コイルの巻数 $N=1200$、電流 $I=2.5$ [A]、鉄心（比透磁率 $\mu_r=1000$）の断面積 $S=18$ [cm^2] と磁路の長さ $l_1=60$ [cm]、エアギャップの磁路の長さ $l_2=2$ [mm] としたとき、次の各問いに答えなさい。

(1) 磁路の長さ l_1、l_2 の部分の磁気抵抗 R_{m1}、R_{m2} はいくらになるか。

(2) 磁束 Φ [Wb] はいくらになるか。

(3) 磁束密度 B [T] はいくらか。

(4) 鉄心部分の磁界の強さ H_1 はいくらか。

[解答]

(1) 起磁力 $NI=1200\times2.5=3000$ [A]

鉄心部分の磁気抵抗：

$$R_{m1}=\frac{1}{\mu_0\mu_r}\times\frac{l_1}{S}=\frac{1}{4\pi\times10^{-7}\times1000}\times\frac{60\times10^{-2}}{18\times10^{-4}}=2.654\times10^5\ [H^{-1}]$$

エアギャップの磁気抵抗：

$$R_{m2}=\frac{1}{\mu_0}\times\frac{l_2}{S}=\frac{1}{4\pi\times10^{-7}}\times\frac{2\times10^{-3}}{18\times10^{-4}}=8.842\times10^5\ [H^{-1}]$$

(2) 合成磁気抵抗 $R_m=R_{m1}+R_{m2}=2.654\times10^5+8.842\times10^5=11.496\times10^5$ [H^{-1}]

$$磁束\ \Phi=\frac{NI}{R_m}=\frac{3000}{11.496\times10^5}=2.61\times10^{-3}\ [Wb]$$

(3) $$磁束密度\ B=\frac{\Phi}{S}=\frac{2.61\times10^{-3}}{18\times10^{-4}}=1.45\ [T]$$

(4) $$鉄心部分の磁界の強さ\ H_1=\frac{B}{\mu_0\mu_r}=\frac{1.45}{4\pi\times10^{-7}\times1000}=1154\ [A/m]$$

答：(1) $R_{m1}=2.654\times10^5$ [H^{-1}]、$R_{m2}=8.842\times10^5$ [H^{-1}]

(2) $\Phi=2.61\times10^{-3}$ [Wb]

(3) $B=1.45$ [T]

(4) $H_1=1154$ [A/m]

[例題 6 −10]

図6 − 4において、エアギャップの長さ2mm、鉄心の磁路の長さ0.8m、比透磁率250の鉄心を使用し、コイルが8000回巻かれている。鉄心内の磁束密度を0.5Tにするためには、何アンペアの電流を流せばよいか。

[解答]

式（6 −13）は、

$$NI=\frac{B}{\mu}l_1+\frac{B}{\mu_0}l_2=\frac{B}{\mu_0\mu_r}l_1+\frac{B}{\mu_0}l_2=\frac{B}{\mu_0}\left(\frac{l_1}{\mu_r}+l_2\right)$$

となります。

これより

$$I=\frac{B}{N\mu_0}\left(\frac{l_1}{\mu_r}+l_2\right)$$

が得られます。

この式に、鉄心の磁路の長さ $l_1=0.8\ [m]$、エアギャップの長さ $l_2=2\ [mm]$、鉄心の比透磁率 $\mu_r=250$、コイルの巻数 $N=8000$、磁束密度 $B=0.5\ [T]$ を代入すると、

$$I=\frac{B}{N\mu_0}\left(\frac{l_1}{\mu_r}+l_2\right)=\frac{0.5}{8000\times4\pi\times10^{-7}}\left(\frac{0.8}{250}+0.002\right)=0.259\ [A]$$

が得られます。

答：0.259 $[A]$

第7章 電磁誘導

電磁誘導の原理について、コイルに磁石を近づけたり遠ざけたりしたときのコイルに発生する誘導起電力について説明します。次に、誘導起電力の大きさと向きについて、コイルを貫通する磁束の時間的な変化と誘導起電力について説明します。さらに、平等磁界中におかれた直線状導体が運動するときの速さと誘導起電力に関するフレミングの右手の法則について説明します。最後に、磁界に対する導体の運動方向と誘導起電力の関係について説明します。

7－1 電磁誘導

図7－1（a）に示すように、コイルに検流計を接続し、磁石を配置します。磁石は動かさず静止の状態にします※注。磁石から出た磁束の一部はコイルを貫通しますが、コイルに接続した検流計の針は振れません。この状態から同図（b）に示すように、磁石をコイルに近づけたり遠ざけたりすると、コイルを貫通する磁束は増えたり減ったりします。このとき、検流計の針は、磁束の増減に対応してプラスまたはマイナス側に振れることになります。すなわち、磁石を近づけたときと遠ざけたときとでは検流計に流れる電流の方向が逆になります。

これは、コイルに起電力が発生し、コイルと検流計との間に電流が流れたことによります。このような現象を**電磁誘導**といいます。また、磁束の変化によって生じる電圧を**誘導起電力**（*induced electromotive force*）、流れる電流を**誘導電流**（*induced current*）といいます。

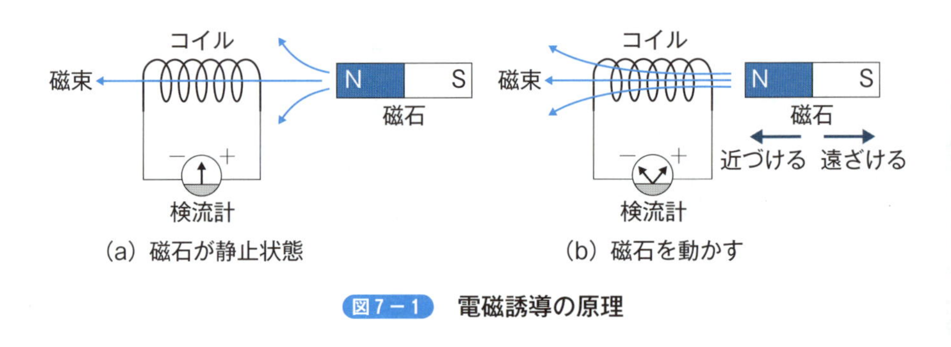

図7－1 電磁誘導の原理

※注：検流計については姉妹書「例題で学ぶ　はじめての電気回路」の p. 38～40を参照。

7－2 誘導起電力の大きさと向き

図７－２（a）に示すように、電流 $I\,[A]$ が矢印の向きに流れるとき、磁束 Φ $[Wb]$ が矢印の向きに生じるとします（右ネジの法則にしたがう）。この電流と磁束の向きの関係を、同図（b）に示すように磁束 $\Phi\,[Wb]$、電流 $I\,[A]$、電圧 E $[V]$ の互いの向きを正と定義します。

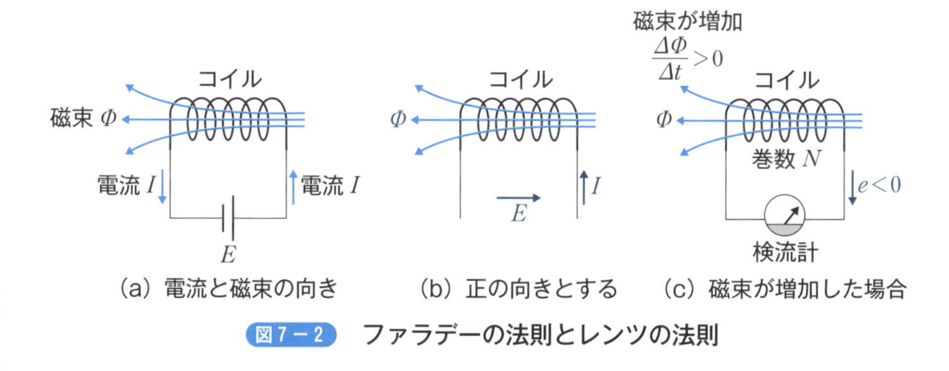

図７－２　ファラデーの法則とレンツの法則

磁束の変化と誘導起電力の関係を示す法則があります（同図（c））。

> **巻数 N のコイルを貫通する磁束 $\Phi\,[Wb]$ が、微小時間 Δt 秒間に $\Delta\Phi\,[Wb]$（磁束の変化分）だけ増加するとすれば、コイルに発生する誘導起電力 e $[V]$ は、巻数 N に比例し、磁束の時間的な変化 $\dfrac{\Delta\Phi}{\Delta t}$ に比例する。**

これは電磁誘導に関する**ファラデーの法則**（*Faraday's law*）といいます。ここで、誘導起電力 $e\,[V]$ の向きは、電圧 $E\,[V]$ に対して逆になります。

また、誘導起電力が生じる向きについて、次の**レンツの法則**（*Lenz's law*）があります。

> **誘導起電力は、これによって生じる電流がコイル内の磁束の変化をさまたげる向きに発生する。**

同図（c）のように、磁束が増加するときに発生する誘導起電力の向きは、同図（b）で定義した電圧の向き（正の向き）と逆になります。

ファラデーの法則とレンツの法則をまとめると、誘導起電力は次式のように表されます。

$$e=-N\frac{\Delta\Phi}{\Delta t} \qquad (7-1)$$

これは、コイルの巻数 N が大きいほど、また、磁束 Φ [Wb] の変化 $\left(\frac{\Delta\Phi}{\Delta t}\right)$ が急速なほど、大きな誘導起電力 e [V] が生じていることを示しています。また、マイナスの符号は、同図（b）で示した正の向きに対して逆向きの誘導起電力が発生していることを意味しています。誘導起電力の大きさそのものは、$e=\left|-N\frac{\Delta\Phi}{\Delta t}\right|=N\frac{\Delta\Phi}{\Delta t}$ となります。

ここで、巻数 N と磁束 Φ [Wb] の積 $N\Phi$ [Wb] を、**鎖交磁束数**といいます。このとき式（7−1）は、

$$e=-\frac{\Delta(N\Phi)}{\Delta t} \qquad (7-2)$$

のように表すことができます。

［例題 7−1］

図7−1（a）において、磁石をコイルから遠ざけると、コイルに発生する誘導起電力の向きはどうなるか。

［解答］

磁石をコイルから遠ざけると、コイルを貫通する磁束 Φ [Wb] は減少します（図7−3）。磁束 Φ [Wb] の時間的変化率は $-\frac{\Delta\Phi}{\Delta t}$ となります。誘導起電力 e [V] の方向は図のようになり、磁束が増加する場合の図7−2（c）と逆になります。検流計の針の振れは磁束の増減に応じて互いに逆に振れます。

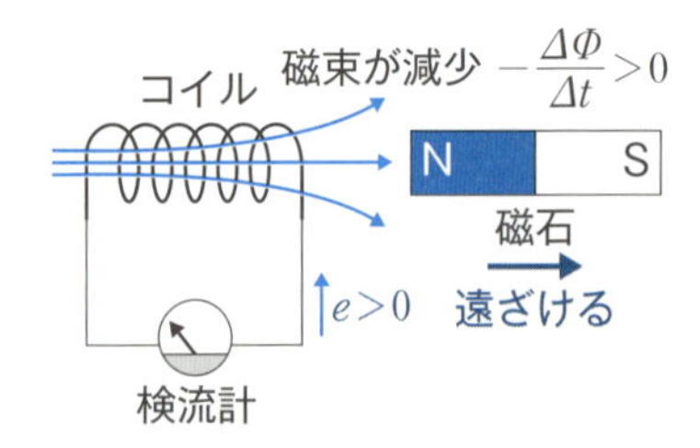

図7−3　コイルから磁石を遠ざける

答：図7−3

［例題７－２］

図７－２（c）において、コイルの巻数$N=500$とし、コイルを貫通する磁束Φが、1 [ms] 間に6×10^{-3} [Wb] だけ増加すると、1 [ms] 間の鎖交磁束数はどれだけ変化するか。また、このときコイルに発生する誘導起電力は何ボルトになるか答えなさい。

［解答］

1 [ms] 間の磁束鎖交数は、

$$N\Phi\,[Wb]=500\times6\times10^{-3}=3\,[Wb]$$

となります。

コイルに発生する誘導起電力は、ファラデーの法則から

$$e=-\frac{\Delta(N\Phi)}{\Delta t}=-\frac{3}{1\times10^{-3}}=-3000\,[V]$$

が得られます。計算には誘導起電力の方向を示すマイナスの符号がつきますが、誘導起電力の大きさとしては3000 [V] です。

答：3 [Wb]、3000 [V]

［例題７－３］

巻数20 [回] のコイルに鎖交する磁束が、0.2 [s] の間に等しい割合で 2 [Wb] から 1 [Wb] に変化するとき、コイルに誘起される誘導起電力を求めなさい。

［解答］

磁束の変化は 2 [Wb] から 1 [Wb] に直線的に減少するので

$$\frac{\Delta\Phi}{\Delta t}=\frac{1-2}{0.2}=-5\,[Wb/s]$$

となります。したがって、ファラディーの法則から

$$e=-N\frac{\Delta\Phi}{\Delta t}=-20\times(-5)=100\,[V]$$

となります。

誘導起電力の大きさは100 [V] です。

答：100 [V]

7－3 直線状導体に発生する誘導起電力

直線状導体 a、b、c を平面状に配置し、導体 a、b は平行に、導体 c は垂直に交わるようにおきます（図7－4（a））。導体 a、b 間の距離は $l\,[m]$ とします。また、導体 a、b のそれぞれの端には検流計を接続し、導体 c とで閉回路を構成します。

平面と垂直方向に磁束密度 $B\,[T]$ の平等磁界を加えて、導体 c を図のように速度 $u\,[m/s]$ で平行移動したときに発生する誘導起電力の大きさと向きを考えてみます。

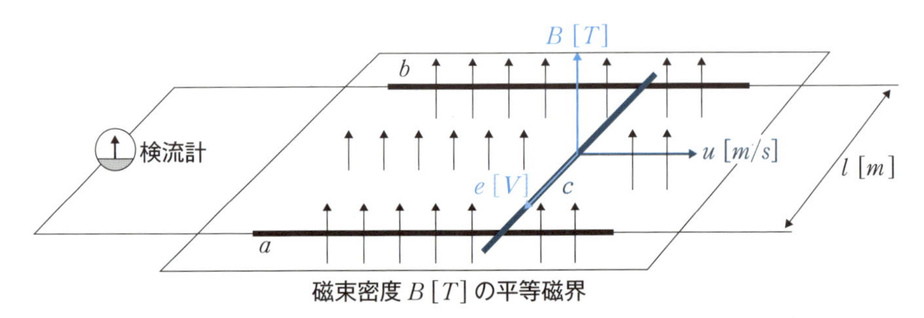

（a）直線状導体に働く誘導起電力

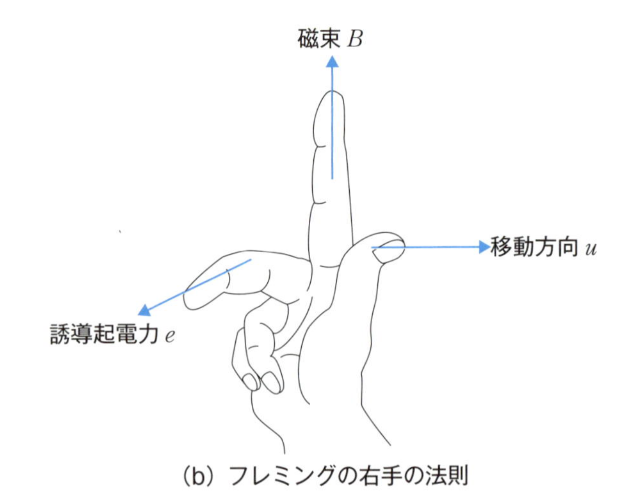

（b）フレミングの右手の法則

図7－4　誘導起電力とフレミングの右手の法則

導体cの移動速度（方向）は、同図（a）の向きを正とします。

速度が$u>0$のときは、閉回路内の磁束の変化は$\frac{\Delta\Phi}{\Delta t}>0$となり、$u<0$のときは閉回路内の磁束の変化は$\frac{\Delta\Phi}{\Delta t}<0$となります。誘導起電力の正の向きは、図7－2（b）で定義したように、閉回路内の磁束Φと同じ向きに磁束を生じる電流の向きと同じになります。

式（7－1）から、誘導起電力e [V]の向きは、導体cを移動する速度u [m/s]と磁束の変化$\frac{\Delta\Phi}{\Delta t}$との間で次の関係になります。

$u>0$　のとき　$\frac{\Delta\Phi}{\Delta t}>0$　となるので　$e<0$

$u<0$　のとき　$\frac{\Delta\Phi}{\Delta t}<0$　となるので　$e>0$

誘導起電力e [V]の大きさは、磁束密度B [T]、磁束を切る導体の長さl [m]、導体が移動する速度u [m/s]の積に比例し、次式で表されます。

$$e=-\frac{\Delta\Phi}{\Delta t}=-Blu \qquad (7-3)$$

図7－4（b）は、同図（a）を右手で表現したもので、次の法則があります。

右手の親指、人差し指、中指をそれぞれ直交するように開き、親指を導体が移動する向きに、人差し指を磁界の向きに向けると、中指の向きは誘導起電力の向きと一致する。

このことを**フレミングの右手の法則**（*Fleming's right−hand rule*）といいます。

［例題7－4］

図7－4（a）において、磁束密度$B=0.2$ [T]、導体の長さ$l=0.6$ [m]、導体の移動する速度$u=150$ [m/s]とすると、誘導起電力e [V]の大きさはいくらになるか。

［解答］

式（7－3）より

$$e=-Blu=-0.2\times0.6\times150=-18\ [V]$$

が得られます。誘導起電力の大きさとしては、18 [V]となります。

答：18 [V]

[例題７－５]

磁束密度 B=0.4 [T] の平等磁界中に長さ l=50 [cm] の導体をおき、これを速度 u=100 [cm/s] で動かした（図７－５）。このとき、導体に発生する誘導起電力の大きさを求めなさい。また、誘導起電力の向きについて答えなさい。

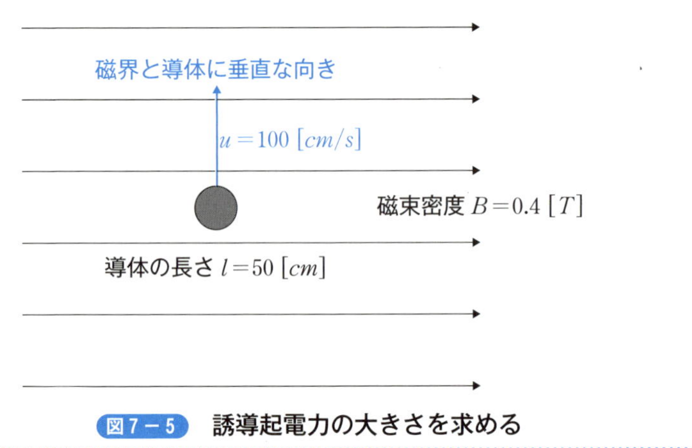

図７－５　誘導起電力の大きさを求める

[解答]

式（7－3）より

$$e=-Blu=-0.4\times0.5\times 1=-0.2\ [V]$$

が得られます。

導体に発生する誘導起電力の向きは、フレミングの右手の法則から紙面の表側から裏側に向かう方向になります（図７－６）。

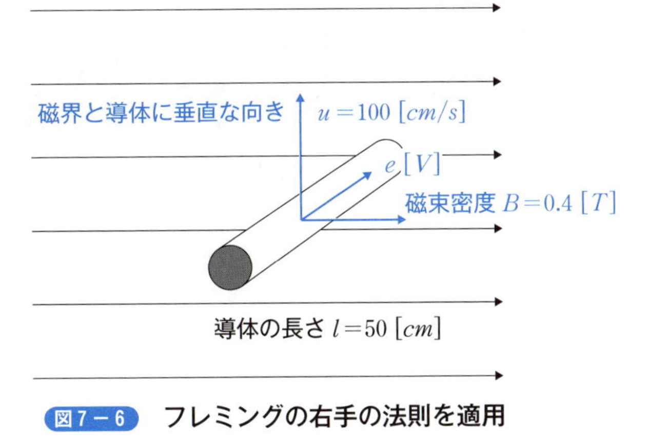

図７－６　フレミングの右手の法則を適用

答：0.2 [V]、図７－６

7－4 導体の運動方向と誘導起電力

直線状導体の動く方向が磁束の方向に対して直角ではなく、ある角度をなす場合について考えます。図7－7に示すように、磁束密度B[T]の向きをx軸方向とし、z軸方向におかれた直線状導体が運動する向きはxy平面上でz軸と平行に、x軸方向となす角がθで表される向きとします。

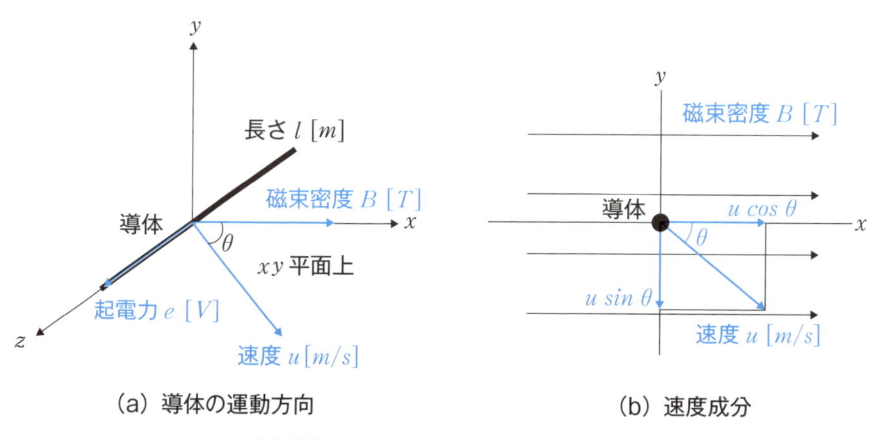

図7－7 導体の運動方向と速度成分

長さl[m]の導体が速度u [m/s]で磁界中を運動するとき、図7－7（b）に示すように、磁界密度B[T]と垂直な向きの速度成分は$u \sin \theta$[m/s]となるので、誘導起電力の大きさはe[V]は、次式で与えられます。

$$e = Blu \sin \theta \qquad (7-4)$$

[例題7－6]

図7－7（b）において、磁束密度B=0.8 [T]の平等磁界中の向きをxとし、z軸方向に長さl=60 [cm]の直線状導体がおいてある。この導体を磁界の向きに対して、30°の方向に15 [m/s]の速度で動かした場合の誘導起電力e[V]の大きさを求めなさい。

[解答]

式（7－4）より

$e = Blu \sin\theta = 0.8 \times 0.6 \times 15 \times \sin 30^\circ = 3.6$ [V]

が得られます。

答：3.6 [V]

［例題 7－7］

磁束密度0.5 [T] の平等磁界中に長さ20 [cm] の直線状導体をおいた（図7－8）。この導体を磁界に対してなす角45°の向きに速度50 [cm/s] の速さで動かしたとき、導体に発生する誘導起電力の大きさを求めなさい。

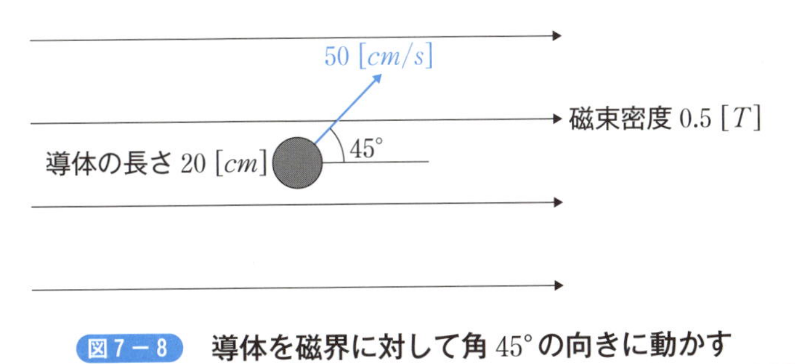

図7－8　導体を磁界に対して角 45° の向きに動かす

［解答］

式（7－4）から

$$e = Blu \sin\theta = 0.5 \times 0.2 \times 0.5 \times \sin 45^\circ = 0.035 \text{ [}V\text{]}$$

が得られます。

答：0.035 [V]

［例題 7－8］

磁石がつくる磁極間に直線状導体が紙面と垂直におかれている（図7－9）。導体を矢印の向きに移動するときに導体に生じる誘導起電力の向きは、紙面に対して⊙（ドット）か⊗（クロス）かを答えなさい。

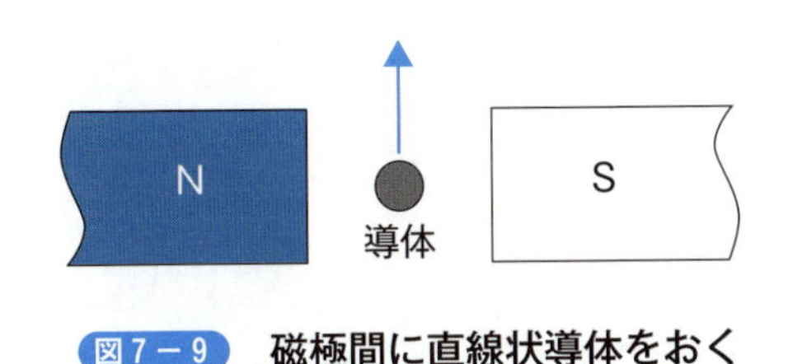

図7－9　磁極間に直線状導体をおく

[解答]

フレミングの右手の法則から、導体に流れる電流の向きは、紙面に対して ⊗（クロス）になります。

答：紙面に対して⊗（クロス）

第8章
自己誘導と相互誘導

　コイルに電流が流れると電流に比例した磁場ができ、コイルを貫く磁束も電流に比例します。電流が変化すると磁束も変化するためファラデーの電磁誘導の法則に従って、電流の変化を妨げる向きに誘導起電力が発生します。この現象を自己誘導と呼びます。また、磁束の変化が及ぶ範囲に別のコイルがあれば、そのコイルにも誘導起電力が発生します。これを相互誘導と呼びます。本章では、自己誘導と相互誘導の基本について説明します。

8-1 自己誘導

真空中におかれたコイルの自己誘導について説明します。

長さ $l\,[m]$ の間に N[回] 巻かれた断面積 $S\,[m^2]$ のコイルに、電流 $I\,[A]$ を流します（図 8 − 1）。

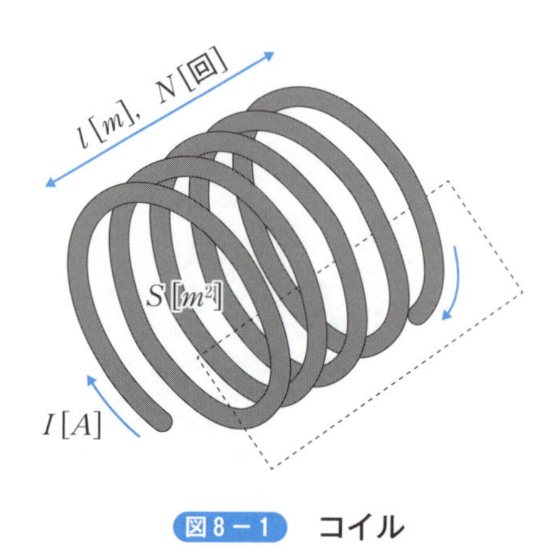

図 8 − 1 コイル

コイルの内部のみに磁場 $H\,[A/m]$ が存在するとして、図に示すように点線部の閉路について**アンペールの周回路の法則**※注を適用します。

閉路に沿った長さ $l\,[m]$ の磁界 H の和は積分 $\int Hdl = Hl$ で与えられます。閉路内部面（コイルの断面）を貫く電流の総和は $NI\,[A]$ であることから

$$H = \frac{NI}{l}\,[A/m] \qquad (8-1)$$

となります。

したがってコイル内の磁束 $\Phi\,[Wb]$ は、$\Phi\,[Wb] = B\,[Wb/m^2] \times S\,[m^2]$ $(B\,[Wb/m^2] = \mu_0 H)$ より

$$\Phi = \mu_0 HS = \mu_0 \frac{NIS}{l}\,[Wb] \qquad (8-2)$$

となります。電流が変化すると磁束 Φ も変化し、**ファラデーの電磁誘導の法則**により誘導起電力 $e\,[V]$ が電流の変化を妨げる向きに生じます。

※注：1 章の 1 −13節を参照。

誘導起電力 $e\,[V]$ の大きさは、磁束 Φ の時間的な変化として表され

$$e\,[V] = -N\frac{d\Phi}{dt} = -\frac{\mu_0 SN^2}{l} \times \frac{dI}{dt} = -L\frac{dI}{dt}\,[V] \qquad (8-3)$$

となります※注。

ここで、式（8－3）の係数（自己誘導係数）

$$L = \frac{\mu_0 SN^2}{l} \qquad (8-4)$$

はコイル特有の値で**自己インダクタンス**（*self inductance*）といいます。単位は［H］（*henry* の略でヘンリーと発音）で表します。

式（8－2）と式（8－4）から、インダクタンス $L\,[H]$ のコイルに電流 $I\,[A]$ が流れるときの磁束は

$$\Phi = \mu_0\frac{NIS}{l} = \frac{\mu_0 SN^2}{l} \times \frac{I}{N} = L \times \frac{I}{N}$$

$$= \frac{LI}{N} \qquad (8-5)$$

となります。

実際のコイルのインダクタンス L の値は磁束の端面での広がりから式（8－4）より小さな値となり、式（8－4）からの減少割合を**長岡係数**と呼んでいます。

式（8－4）のインダクタンス L の定義から、1秒間に $1\,[A]$ の電流変化で $1\,[V]$ の誘導起電力が発生するときのコイルの自己インダクタンス L の値は $1\,[H]$ となります。

［例題8－1］

コイルに流れる電流が $1\,[ms]$ の間に $0.2\,[A]$ 変化したときに $4\,[V]$ の誘導起電力が生じた。コイルの自己インダクタンスを求めなさい。

［解答］

式（8－3）から大きさだけを考えると

$$L = \frac{e}{\Delta I/\Delta t} = \frac{4}{0.2/(1\times10^{-3})} = 20\times10^{-3}\,[H]$$

となります。

答：$20\,[mH]$

※注：1章の1－17節を参照。

次に、透磁率がμの鉄心（半径$a\,[m]$、断面積$\pi a^2\,[m^2]$）にコイルがN回巻かれた環状コイル（半径$r\,[m]$）のインダクタンスを求めてみます（図8－2）。

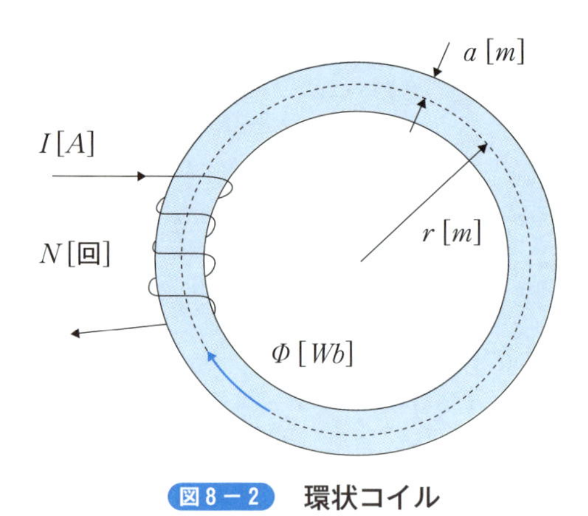

図8－2　環状コイル

磁力線は鉄心から漏れないとすると、アンペールの周回路の法則

$$H=\frac{NI}{2\pi r}$$

より、磁束$\Phi\,[Wb]$は

$$\Phi=\mu H\times\pi a^2=\mu\frac{NI}{2\pi r}\times\pi a^2=\mu\frac{NIa^2}{2r} \qquad (8-6)$$

となります。ファラデーの電磁誘導の法則からコイルに発生する誘導起電力$e\,[V]$はN回の磁束変化を受けることから

$$e\,[V]=-N\frac{d\Phi}{dt}=-\frac{\mu N^2a^2}{2r}\times\frac{dI}{dt}=-L\frac{dI}{dt}\,[V] \qquad (8-7)$$

となります。

したがって、自己インダクタンス$L\,[H]$は

$$L=\frac{\mu N^2a^2}{2r} \qquad (8-8)$$

となります。

［例題８－２］

直径１$[cm]$の鉄製の円柱から成る中心半径５$[cm]$のリングに、導線を50回巻いた環状コイルがある。この環状コイルの自己インダクタンスを求めなさい。鉄の比透磁率を$\mu_r = 1 \times 10^3$とする。

［解答］

題意から、図８－２における各パラメータは、$a = 5 \times 10^{-3}[m]$、$r = 5 \times 10^{-2}[m]$、$N = 50$[回]となります。また、鉄の透磁率μは

$$\mu = \mu_r \mu_0 = 1 \times 10^3 \times 4\pi \times 10^{-7} = 4\pi \times 10^{-4}[H/m]$$

です。

これらを式（８－８）に代入します。

$$L = \frac{\mu N^2 a^2}{2r} = \frac{4\pi \times 10^{-4} \times 50^2 \times (5 \times 10^{-3})^2}{2 \times (5 \times 10^{-2})} = 0.785 \times 10^{-3}[H]$$

$$= 0.785\ [mH]$$

答：0.785 $[mH]$

［例題８－３］

無限に長いコイルに電流を流すときの下記の説明について、誤りがあれば訂正しなさい。

⑴　外部磁界と内部磁界の強さは等しい。
⑵　外部磁界の方向はコイルの中心軸方向と平行である。
⑶　内部磁界の方向はコイルの中心軸方向と直交する。
⑷　内部磁界の強さは電流に比例する
⑸　内部磁界の強さは単位長さ当たりの巻数に比例する

［解答］

導線を円筒状に巻いた単巻きコイルをソレノイドコイル※注といいます。導線に電流を流すと円筒と中心軸方向に磁界を発生します。通常、円筒の直径よりも中心軸方向の長さが十分に長い理想的なコイルが想定され、そのときは内部に発生する磁界の強さは一様とみなされます。

⑴は誤りです。ソレノイドコイルに発生する磁力線は円筒の内外を一周する閉曲線を描きますが、円筒外の磁力線はソレノイドコイルが無限遠に長いときは無限遠方を経由するため磁力線の面積密度である磁界の強さはゼロになります。そ

※注：ソレノイドコイルの応用例については付録Ｂを参照。

のため外部磁界と内部磁界の強さは等しくありません。

(2)は誤りです。上記(1)のようにソレノイドコイルの外部には磁界は存在しません。

(3)は誤りです。ソレノイドコイル内部に発生する磁界はコイルの中心軸方向と並行になります。

(4)は正しいです。ソレノイドコイル（コイルの長さ $l\,[m]$）内部に発生する磁界の強さ $H\,[A/m]$ は、単位長さ当たりの巻数 $\frac{N}{l}$ [回/m] に比例し、導線を通る電流 $I\,[A]$ の大きさに比例します。

すなわち

$$H=\frac{N}{l}\times I$$

です（本文の式（8－1）です）。

(5)は正しいです。

<u>答：誤りは(1)、(2)、(3)　訂正は上記</u>

8－2 相互誘導

環状鉄心に2つのコイル1とコイル2が巻いてあります（図8－3）。コイル1に変動する電流を流すと、コイル2にも誘導起電力が発生します。この現象を相互誘導と呼びます。

図に示すように、鉄心の断面積を $S\,[m^2]$、鉄心中心の長さを $l\,[m]$、透磁率を $\mu\,[H/m]$、コイル1の巻き数を N_1［回］、コイル2の巻き数を N_2［回］として、コイル1に電流 $I_1\,[A]$ を流したとき、コイル2に発生する誘導起電力 $e_2\,[V]$ を求めてみます。

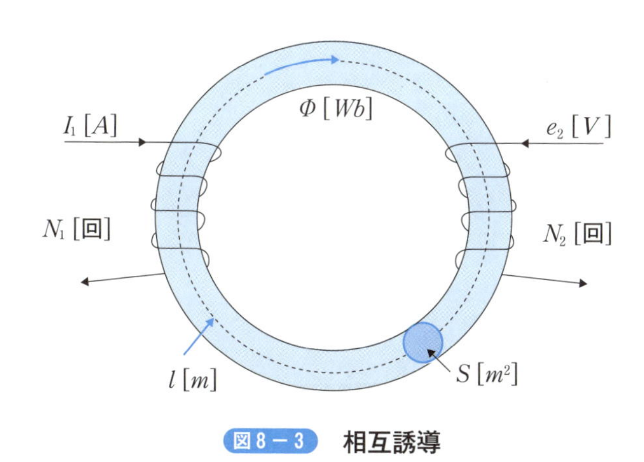

図8－3　相互誘導

コイル1が作る磁束 $\Phi\,[Wb]$ はアンペールの周回路の法則

$$Hl = N_1 I_1$$

より

$$\Phi = \mu HS = \mu \frac{N_1 I_1}{l} S$$

となります。

コイル1の自己インダクタンス $L_1\,[H]$ は、コイル1に生じる誘導起電力を $e_1\,[V]$ とすると

$$e_1 = -N_1 \frac{d\Phi}{dt} = -\frac{\mu N_1^2 S}{l} \times \frac{dI_1}{dt} = -L_1 \frac{dI_1}{dt} \qquad (8-9)$$

となります。

ここで、L_1はコイル１の自己インダクタンスです。

$$L_1=\frac{\mu N_1^2 S}{l} \tag{8-10}$$

このとき、同時にコイル２でも誘導起電力 e_2 [V] が発生します。

$$e_2=-N_2\frac{d\Phi}{dt}=-N_2\frac{\mu N_1 S}{l}\times\frac{dI_1}{dt}=-\frac{\mu N_1 N_2 S}{l}\times\frac{dI_1}{dt}=-M\frac{dI_1}{dt} \tag{8-11}$$

ここで、Mはコイル１、２間の**相互インダクタンス**（*mutual inductance*）といいます。単位は、自己インダクタンスと同様に [H] を使います。

$$M=\frac{\mu N_1 N_2 S}{l} \tag{8-12}$$

一方、コイル２に電流を流した場合にも、同じようにコイル２の自己インダクタンス L_2 [H] が存在します。

$$L_2=\frac{\mu N_2^2 S}{l} \tag{8-13}$$

したがって、相互インダクタンスMと自己インダクタンスL_1、L_2の間には

$$M^2=\left(\frac{\mu N_1 N_2 S}{l}\right)^2=\frac{\mu N_1^2 S}{l}\times\frac{\mu N_2^2 S}{l}=L_1 L_2 \tag{8-14}$$

または

$$M=\sqrt{L_1 L_2}$$

の関係が成り立ちます。

また、式（8－14）に式（8－10）と式（8－13）を代入すると

$$M=\frac{\mu N_1 N_2 S}{l}=N_1\frac{L_2}{N_2}=N_2\frac{L_1}{N_1} \tag{8-15}$$

が得られます。

式（8－14）において、実際には磁束の漏れがあるために等式にはならず、実測の相互コンダクタンス M_a は Mより小さくなり（$M_a<M$）、

$$k=\frac{M_a}{\sqrt{L_1 L_2}} \tag{8-16}$$

で表されます。kは**結合係数**と呼ばれます。２つのコイルの磁束による電磁的な結合の度合いを示す係数です。

漏れ磁束がない場合は、$k=1$となるので式（8－14）が得られます。

［例題８－４］

図８－３においてコイル１に流れる電流が１[ms]の間に0.2[A]変化したとき、コイル２に３[V]の誘導電圧が発生した。相互インダクタンスを求めなさい。

［解答］

相互インダクタンスの定義式である式（８－11）に題意の値を代入します。微分の$\frac{dI}{dt}$は微小時間の電流変化として$\frac{\Delta I}{\Delta t}$で計算します。

$$M=\frac{e_2}{\Delta I/\Delta t}=\frac{3}{0.2/(1\times10^{-3})}=15\times10^{-3}[H]=15\ [mH]$$

答：15[mH]

［例題８－５］

図８－３において環状鉄心の断面積$S=2\times10^{-4}[m^2]$、鉄心中心の長さ$l=0.2\ [m]$、コイル１の巻き数$N_1=1000$[回]、コイル２の巻き数$N_2=2000$[回]としたときの相互インダクタンスの値を求めなさい。ただし、鉄心の比透磁率を$\mu_r=1000$とする。

［解答］

相互インダクタンスの式（８－12）に題意の値を代入します。

$\mu=\mu_0\mu_r=4\pi\times10^{-7}\times1000=4\pi\times10^{-4}$であるので、

$$M=\frac{\mu N_1N_2S}{l}=\frac{4\pi\times10^{-4}\times1000\times2000\times2\times10^{-4}}{0.2}$$

$$=2.51\ [H]$$

が得られます。

答：2.51[H]

[例題 8 － 6]

図 8 － 4 に示す理想変圧器（結合係数 k＝ 1 ）の説明について誤りがあれば訂正しなさい。ただし、1 次側コイルの巻数を N_1、2 次側コイルの巻数を N_2、1 次側電圧と電流を v_1、i_1、2 次側電圧と電流を v_2、i_2とする。

(1) 交流電圧の変換に用いられる。

(2) コイルに発生する誘導起電力を利用している。

(3) 1 次側と 2 次側のインピーダンスの比は巻数の二乗に反比例する。

(4) 1 次側電圧と 2 次側電圧の比は $\dfrac{v_1}{v_2}=\dfrac{N_2}{N_1}$ が成立する。

(5) 1 次側電流と 2 次側電流の比は $\dfrac{i_2}{i_1}=\dfrac{N_2}{N_1}$ が成立する。

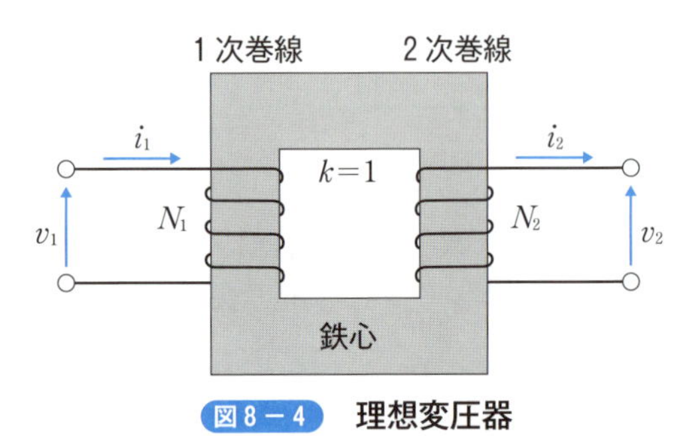

図 8 － 4　理想変圧器

[解答]

変圧器は対となる 1 次側コイルと 2 次側コイル間で電磁誘導を利用した「電気⇒磁気⇒電気」のエネルギー伝達を行う電力変換器の 1 つです。トランスともいいます。特に、結合係数 k＝ 1 の漏れ磁束のない変圧器を理想変圧器といます。理想変圧器では 1 次側から供給したエネルギー（電力）はすべて 2 次側から取り出すことができます。

また、1 次側の電圧 v_1 と電流 i_1、2 次側の電圧 v_2 と電流 i_2 との関係は、以下に示すようにコイルの巻数に依存します。

$$\frac{v_2}{v_1}=\frac{N_2}{N_1}$$ （電圧比は巻数比に依存する）

$$\frac{i_2}{i_1}=\frac{N_1}{N_2}$$ （電流比は巻数の逆比に依存する）

(1)は正しいです。電磁誘導はコイルを貫く磁束変化またはその変化をもたらす電流変化により導かれます。そのため、変化する信号（電気信号）としては交流の電圧が有効です。

⑵は正しいです。コイルに磁束変化に応じた誘導起電力が発生することを利用して変圧を行います。

⑶は誤りです。インピーダンスは交流電圧と交流電流の比であるためインピーダンス比は次のようになります（抵抗は直流電圧と直流電流の比）。1次側インピーダンスを Z_1、2次側インピーダンスを Z_2 とするとインピーダンス比は

$$\frac{Z_2}{Z_1}=\frac{v_2/i_2}{v_1/i_1}=\frac{v_2}{v_1}\cdot\frac{i_1}{i_2}=\frac{N_2}{N_1}\cdot\frac{N_2}{N_1}=\frac{N_2^2}{N_1^2}$$

となり、巻数の二乗に比例します。

⑷は誤りです。1次側電圧と2次側電圧の比は、巻数比に依存します。すなわち、

$$\frac{v_1}{v_2}=\frac{N_1}{N_2}$$

が成立します。

⑸は正しいです。1次側電流と2次側電流の比は、巻数の逆比に依存します。すなわち、

$$\frac{i_2}{i_1}=\frac{N_1}{N_2}$$

が成立します。

<u>答：誤りは⑶、⑷　訂正は上記のとおり</u>

［例題 8 − 7］

2つのコイル1（巻数 N_1）と2（巻数 N_2）が対抗して配置してある（図8 − 5）。コイル1には交流電源が接続されており、コイル2には交流電圧計が接続されている。コイル間の相互インダクタンスは $M=0.5$ [H] であった。コイル1の電流 i_1 が1 [ms] の間に10 [mA] から12 [mA] に変化したときのコイル2に生じる誘導起電力を求めなさい。

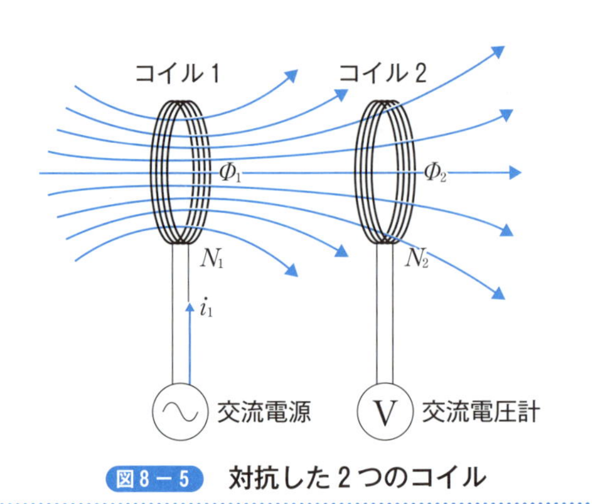

図8 − 5　対抗した2つのコイル

［解答］

2つのコイルの関係について、以下にまとめます。

◇自己インダクタンス

コイル1に電流 i_1[A] を流したとき、コイル1が1巻きあたりに発生する磁束を Φ_1[Wb] とすると、N_1 巻きでは磁束は $N_1\Phi_1$[Wb] になり、この大きさは電流 i_1 に比例します。

$$N_1\Phi_1=Li_1 \qquad (8-17)$$

比例係数 L [H] を自己インダクタンスといい、L が大きいほど多くの磁束が発生します。

◇相互インダクタンス

コイル1が発生した磁束のうちコイル2の1巻きを通る磁束を Φ_2 とすると、N_2 巻きでは鎖交磁束数は $N_2\Phi_2$ になります。この大きさはコイル1の電流 i_1 に比例します。

$$N_2\Phi_2=Mi_1 \qquad (8-18)$$

比例定数M[H]をコイル1とコイル2の間の相互インダクタンスといいます。このMはコイル1と2の磁気的な結合の強さを表します。また、相互インダクタンスはコイル1と2の役割を入れ替えても同じになります。これを相反定理といいます。

◇ファラデーの電磁誘導の法則

コイル2を貫く磁束Φ_2が時間的に変化すると、その変化率に応じた誘導起電力e[V]が発生します。

$$e = -N_2 \frac{\Delta \Phi_2}{\Delta t} \tag{8−19}$$

この式に式（8－18）のΦ_2を代入すると

$$e = -N_2 \frac{\Delta \Phi_2}{\Delta t} = -N_2 \frac{\Delta \left(\frac{M i_1}{N_2} \right)}{\Delta t} = -M \frac{\Delta i_1}{\Delta t} \tag{8−20}$$

が得られます。

この現象を相互誘導といいます。

ちなみに、コイル1の誘導起電力の式$e = -N_1 \dfrac{\Delta \Phi_1}{\Delta t}$に式（8－17）を代入して得られる

$$e = -L_1 \frac{\Delta i_1}{\Delta t}$$

は自己誘導の式になります。

式（8－20）に題意の数値を代入します。

$$e = -M_1 \frac{\Delta i_1}{\Delta t} = -0.5 \times \frac{(12-10) \times 10^{-3}}{1 \times 10^{-3}} = -1 \,[V]$$

コイル2に発生する誘導起電力の大きさは1[V]です。コイル2に接続した電圧計で測定することができます。

8-3 コイルの接続

1つの磁気回路の中に2つのコイル1とコイル2がある場合、コイル1とコイル2の接続のしかたで全体のインダクタンスが変わってきます。

コイル1とコイル2の**自己インダクタンス**をそれぞれL_1、L_2、巻き数をN_1、N_2、電流Iを流したときに発生する磁束をΦ_1、Φ_2とします。また、コイル1とコイル2の**相互インダクタンス**をMとします。

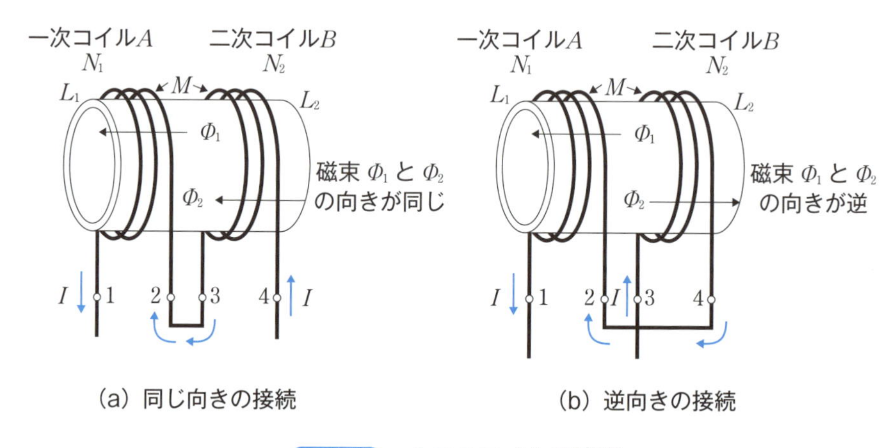

図8－6　2つのコイルの接続

最初に、図8－6（a）のように2つのコイルが作る磁束Φ_1とΦ_2が同じ向きになるように電流を流した場合について考えてみます。

全体の磁束Φ_a [Wb]は、式（8－5）から

$$\Phi_a = \Phi_1 + \Phi_2 = \frac{L_1 I}{N_1} + \frac{L_2 I}{N_2} \qquad (8-17)$$

となります。

一方、端子1－4間の誘導起電力e_a [V]は、コイル1とコイル2に発生する誘導起電力e_1 [V]とe_2 [V]の和になります。ここで、磁束Φ_1とΦ_2に漏れ磁束がないとすると、コイル1とコイル2に鎖交する磁束はそれぞれ$\Phi_1+\Phi_2(=\Phi_a)$になります。

したがって、式（8－3）と式（8－17）から

$$e_a=e_1+e_2=-N_1\frac{d\Phi_a}{dt}-N_2\frac{d\Phi_a}{dt}=-(N_1+N_2)\frac{d\,(\Phi_1+\Phi_2)}{dt}$$

$$=-(N_1+N_2)\frac{d\Phi_a}{dt}=-(N_1+N_2)\frac{d}{dt}\left(\frac{L_1I}{N_1}+\frac{L_2I}{N_2}\right)$$

$$\equiv -L_a\frac{dI}{dt} \qquad (8-18)$$

となります。

ここで、２つのコイルを１つのコイルとしたときの自己インダクタンスを L_a として

$$L_a=(N_1+N_2)\left(\frac{L_1}{N_1}+\frac{L_2}{N_2}\right)$$

とおいています。

式（８－15）の相互インダクタンス $M[H]$ を使うと、自己インダクタンス L_a $[H]$ は次のように変形することができます。

$$L_a=(N_1+N_2)\left(\frac{L_1}{N_1}+\frac{L_2}{N_2}\right)=L_1+L_2+\frac{N_2L_1}{N_1}+\frac{N_1L_2}{N_2}=L_1+L_2+2M \qquad (8-19)$$

次に、図８－４（b）のように２つのコイルの作る磁場が互いに逆方向になるように電流を流した場合について考えてみます。上記と同じように、コイル全体の自己インダクタンスを求めてみます。

全体の磁束 $\Phi_b\,[Wb]$ は、

$$\Phi_b=\Phi_1-\Phi_2=\frac{L_1I}{N_1}-\frac{L_2I}{N_2} \qquad (8-20)$$

となります。

一方、端子１－４間の誘導起電力 $e_b\,[V]$ は、コイル１とコイル２に発生する誘導起電力 $e_1\,[V]$ と $e_2\,[V]$ の差になります。ここで、磁束 Φ_1 と Φ_2 に漏れ磁束がないとすると、コイル１とコイル２に鎖交する磁束はそれぞれ $\Phi_1-\Phi_2(=\Phi_b)$ になります。

$$e_b=e_1-e_2=-N_1\frac{d\Phi_b}{dt}+N_2\frac{d\Phi_b}{dt}$$

$$=-(N_1-N_2)\frac{d\Phi_b}{dt}=-(N_1-N_2)\frac{d\,(\Phi_1-\Phi_2)}{dt}$$

$$=-(N_1-N_2)\left(\frac{L_1}{N_1}-\frac{L_2}{N_2}\right)\frac{dI}{dt}$$

$$\equiv -L_b\frac{dI}{dt} \qquad (8-21)$$

同じように、相互インダクタンス$M[H]$を使うと、自己インダクタンス$L_b[H]$は次のように変形することができます。

$$L_b=(N_1-N_2)\left(\frac{L_1}{N_1}-\frac{L_2}{N_2}\right)=L_1+L_2-\frac{N_2L_1}{N_1}-\frac{N_1L_2}{N_2}=L_1+L_2-2M \qquad (8-22)$$

ここで、$L_1=L_2=M$であれば$L_b=0$となり、磁束は打ち消しあうので誘導起電力は$e_b=0$となります。

［例題8−8］

図8−7の磁気回路において、端子2と3を接続したとき、端子1−4間のインダクタンスが50［mH］であった。また、端子2と4を接続したとき端子1−3間のインダクタンスは2［mH］であった。各コイルの自己インダクタンスL_1、L_2および相互インダクタンスMを求めなさい。ただし、$L_1=L_2$とする。

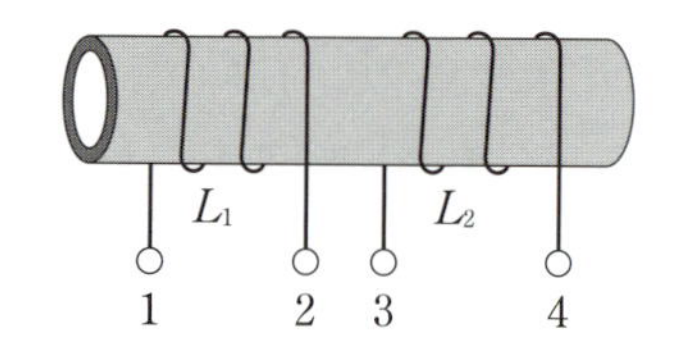

図8−7　2つのコイルの磁気回路

［解答］

端子2と3を接続したときは、2つのコイルが作る磁束はアンペールの右ネジの法則から同じ向きになります。このときの自己インダクタンスと相互インダクタンスの関係は式（8−19）になります。

$L_1=L_2=L$とすると

$$L_a=L_1+L_2+2M=2L+2M=50\ [mH] \qquad ①$$

となります。

次に、端子2と4を接続したときは、2つのコイルの作る磁場は互いに逆方向になるので、自己インダクタンスと相互インダクタンスの関係は式（8−22）になります。

$$L_b=L_1+L_2-2M=2L-2M=2\ [mH] \qquad ②$$

となります。

上記①式と②式から

$$\begin{array}{rl} & 2L+2M=50 \\ +) & 2L-2M=2 \\ \hline & 4L=52 \Rightarrow L=13\,[mH] \end{array}$$

$$\begin{array}{rl} & 2L+2M=50 \\ -) & 2L-2M=2 \\ \hline & 4M=48 \Rightarrow M=12\,[mH] \end{array}$$

の値が得られます。

答：$L=13\,[mH]$、$M=12\,[mH]$

8－4 磁場のエネルギー

真空中におかれた自己インダクタンス $L\,[H]$ のコイルに、電流 $I\,[A]$ を流したときの磁場のエネルギーについて説明します。

図８－８のコイルに接続されたスイッチ SW を入れると直流電源 E から電流が流れます。電流は $\Delta t\,[s]$ の微小時間に $\Delta I\,[A]$ の割合で漸増し、その後定常値 $I\,[A]$ に達するとします。

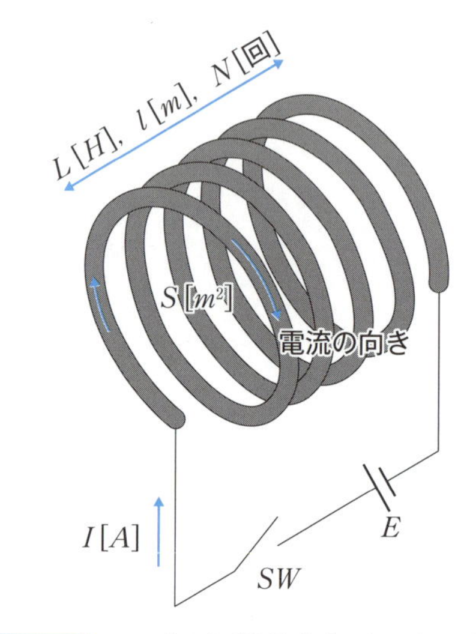

図８－８ コイルに蓄えられるエネルギー

このとき、ファラディーの電磁誘導の法則で発生する誘導起電力 $e\,[V] = -L\dfrac{\Delta I}{\Delta t}$ に逆らうように電荷 $\Delta Q\,[C] = I\Delta t\left(I = \dfrac{\Delta Q}{\Delta t}\text{から}\right)$ を運ぶ仕事 $\Delta W\,[J]$ は

$$\Delta W = e\Delta Q = L\frac{\Delta I}{\Delta t}I\Delta t = LI\Delta I \qquad (8-23)$$

となります。

したがって電流が $I\,[A]$ になるまでにする仕事 $W\,[J]$ は、式（８－10）の $L = \dfrac{\mu N^2 S}{l}$ より

$$W=\int_0^I dW=\int_0^I LIdI=\frac{1}{2}LI^2$$
$$=\frac{1}{2}\cdot\frac{\mu SN^2}{l}\cdot I^2$$
$$=\frac{\mu}{2}\left(\frac{NI}{l}\right)^2 Sl \qquad (8-24)$$

となります。

また、コイル内部の磁界の大きさ $H[A/m]$ は、式（８－１）で与えられるので、式（８－24）は

$$W=\frac{\mu}{2}\left(\frac{NI}{l}\right)^2 Sl=\frac{\mu}{2}H^2Sl=\frac{\mu H}{2}HSl=\frac{BH}{2}Sl \qquad (8-25)$$

となります。

これが自己インダクタンス $L[H]$ のコイルに蓄えられる**磁場のエネルギー**になります。すなわち、コイルに流れる電流によってコイルが作る磁界に蓄えられているエネルギーになります。

単位体積当たりの磁束密度 $B[Wb/m^2]$ がもつエネルギー密度 $U[J/m^3]$ は、環状鉄心の体積が $S\times l\,[m^3]$ となるので

$$U=\frac{W}{Sl}=\frac{\frac{BH}{2}Sl}{Sl}=\frac{1}{2}BH=\frac{1}{2}\mu H^2 \qquad (8-26)$$

となります。

このように、スイッチを入れて電流 $I[A]$ が流れると磁場のエネルギー $\frac{1}{2}LI^2$ $[J]$ がコイルに蓄えられます。また、スイッチを切ったときには逆にコイルに蓄えられたエネルギーが放出されます。

［例題８－９］

自己インダクタンスが $L=100\,[mH]$ のコイルに電流が $I=2\,[A]$ 流れているとき、コイルに蓄えられるエネルギーを求めなさい。

［解答］

式（８－24）より

$$W=\frac{1}{2}LI^2=\frac{0.1\times 2^2}{2}=0.2\,[J]$$

となります。

答：$0.2\ [J]$

［例題 8 −10］

磁場のエネルギー密度の式（8 −26）から次式を導きなさい。

$$U = \frac{B^2}{2\mu}$$

［解説］

$B = \mu H$ より

$$U = \frac{1}{2}\mu H^2 = \frac{1}{2}\mu\left(\frac{B}{\mu}\right)^2 = \frac{B^2}{2\mu}\ [J/m^3]$$

が得られます。

答：上式

第9章 やさしいマクスウェルの方程式

前章までに学んだ電磁気現象の中に電気と磁気に関するいくつかの定義や法則が出てきました。これらの定義や法則を互いに導いたり説明することができれば、全体をよく見通すことができます。これまでに出てきた電磁現象や法則をまとめながら、マクスウェルの方程式をひも解いていきます。少し難しい表現もありますが、前の章を適宜参照しながら読み進んでください。

9-1 マクスウエルの方程式の魅力

第2章では、クーロンの法則から真電荷から出入りする電気力線を考え、電場や電位をイメージしてきました。第3章の磁力線や磁場も同じです。そして第4章ではビオ・サバールの法則から、直線導体のまわりの磁場の様子などを計算し、アンペールの法則が成り立つことをみてきました。また、第5章と第7章ではファラデーの電磁誘導の法則からローレンツ力との関係を調べ、磁場と電場が簡単な一定の関係で表されることをみてきました。これらの法則や諸関係を基本的な式にまとめたのがマクスウェルの方程式です。

マクスウェルの方程式は電場と磁場の関係を記述したもので、すべての電磁現象はマクスウェルの方程式で理解することができますが、実際の物理量を測定したり計算したりするときは、諸法則を適切に使っていくほうが現象を理解する近道になる場合もあります。

マクスウェルの方程式は微分形または積分形で表されます。積分形は計算しやすくイメージがわかりやすい特徴があり、微分形は数値計算にそのまま使えるという特徴がありますが、少し慣れると両者は同じように見えてきます。また、ガウスの定理とストークスの定理を使うことにより、マクスウェルの方程式はアンペールの法則などの個々の法則をきれいに説明することができます。

本章の後半では、マクスウェルの方程式を使った応用例を考えていきます。

付録には、電磁気の法則や数学ツール、そして単位についてまとめてありますので、これらも参照してください。また文章中に少し難しい数式表現もありますが、前の章や付録を参照してください。

9－2 電磁気現象とマクスウェルの方程式の導出

これまでに学んできた電磁現象や法則を復習しながら、マクスウェルの方程式についてまとめていきます。この過程でマクスウェルの方程式についてステップバイステップで理解することができます。

9－2－1　電場に関するガウスの法則

2つの電荷 $q_1\,[C]$、$q_2\,[C]$ の間に働く力 $f\,[N]$ は、クーロンの法則から距離 $r\,[m]$ の二乗に逆比例します。真空の誘電率を ε_0 $(=8.85\times10^{-12}\,[C^2/(N\cdot m^2)])$ とすると

$$f=\frac{1}{4\pi\varepsilon_0}\cdot\frac{q_1q_2}{r^2} \qquad (9-1)$$

です。

これをベクトルで表現すれば、大きさが1の単位ベクトルを $\frac{\boldsymbol{r}}{|\boldsymbol{r}|}$ とすれば

$$\boldsymbol{f}=\frac{1}{4\pi\varepsilon_0}\cdot\frac{q_1q_2}{r^2}\frac{\boldsymbol{r}}{|\boldsymbol{r}|} \qquad (9-2)$$

となります。

また、電荷 $q_2\,[C]$ から距離 $r\,[m]$ 離れた点（電場 $\boldsymbol{E}=\frac{q_2}{4\pi\varepsilon_0 r^2}\frac{\boldsymbol{r}}{|\boldsymbol{r}|}$）におかれた電荷 $q_1\,[C]$ に働くクーロン力は $\boldsymbol{f}=q_1\boldsymbol{E}$ なので、電場 $\boldsymbol{E}$ は $\frac{\boldsymbol{f}}{q_1}\,[N/C]$ で定義されます。このように電場 $\boldsymbol{E}$ は大きさと方向を持つベクトルになります。

電場は単位面積当たりの電気力線の本数［本$/m^2$］であるので、電荷 q_2 の作る電気力線の数は、電場に q_2 を取り囲む面積（半径 r が一定なら $4\pi r^2$）を掛けて求めることができます。その値は $\frac{q_2}{\varepsilon_0}$ 本となって q_2 に比例します。

これらのことを積分で確認してみます。

極座標で表した微小面積は

$$dS=r\,sin\,\theta d\theta\times rd\phi=r^2 sin\,\theta d\theta d\phi \qquad (9-3)$$

となるので（図9－1）、電気力線の数［本］は

$$\int EdS=\int\frac{q_2}{4\pi\varepsilon_0 r^2}r^2 sin\,\theta d\theta d\phi=\frac{q_2}{4\pi\varepsilon_0}\int_0^{\frac{\pi}{2}}2sin\,\theta d\theta\times\int_0^{2\pi}d\phi$$

$$=\frac{q_2}{\varepsilon_0} \qquad (9-4)$$

となります。この値は電荷 q_2から放射状に出ている電気力線の総数であり、電荷 q_2に比例します。

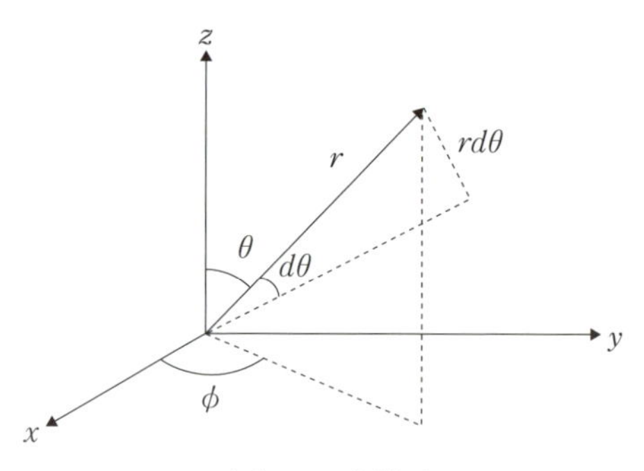

(a) $rd\theta$ を描く

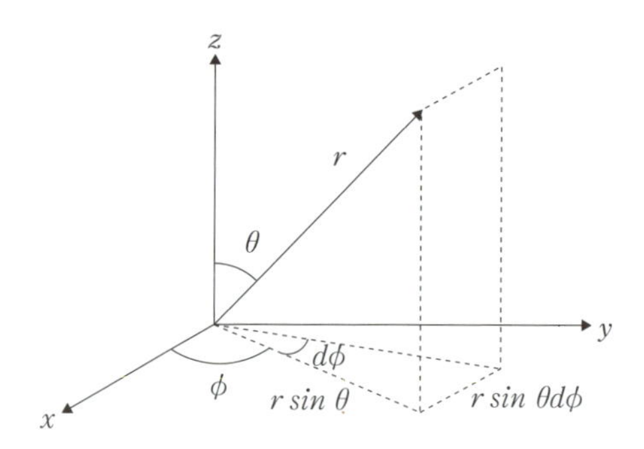

(b) $r\sin\theta d\phi$ を描く

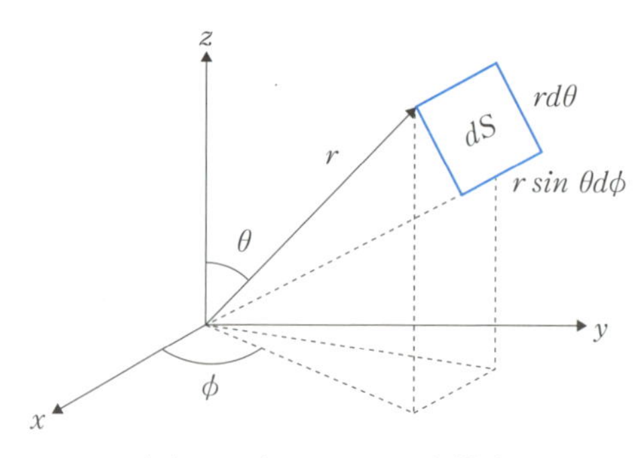

(c) $rd\theta$ と $r\sin\theta d\phi$ を描く

図9-1 極座標による微小面積

上記の考え方を一般化して、閉曲面内に電荷が単位体積当たり $\rho\,[C/m^3]$ の割合で分布しているとします。

この場合の電荷の総量は

$$\int \rho dV\,[C] \qquad (9-5)$$

となります。ここで、$\int dS$ は2重積分の面積積分を表しているのに対して、$\int dV$ は3重積分の体積積分を表すものとしています。すなわち、$\int dV$ は任意の立体の体積を表し、$\int dS$ は立体の表面を意味します。

したがって、電気力線の総数[本]は閉曲面内の電荷の総数に比例するので

$$\int EdS = \frac{\int \rho dV}{\varepsilon_0} \qquad (9-6)$$

となります。この関係を**ガウスの法則**と呼んでいます。

電束密度 $D\,[C/m^2]$ と電場の関係 $D=\varepsilon_0 E\,[C/m^2]$ を使うと、電場に関するガウスの法則は

$$\int DdS = \varepsilon_0 \int EdS = \varepsilon_0 \frac{\int \rho dV}{\varepsilon_0} = \int \rho dV \qquad (9-7)$$

と表されます。$\int DdS$ の単位は $[C]$（クーロン）となります。

ガウスの定理を使って面積積分を体積積分に変換する場合は、演算記号 ∇ を使って次のように表現します。なお、ガウスの法則とガウスの定理は異なります。ガウスの定理は純粋に数学的に成り立つ公式で、ガウスの法則は物理学の法則です。ガウスの法則の**微分形式**と**積分形式**はガウスの定理を用いて次のように導かれます。

$$\int DdS = \int \nabla \boldsymbol{D} dV = \int \rho dV \qquad (9-8)$$

ここで、**記号 ∇ はナブラと発音します。**x、y、z の3軸方向の偏微分演算子を成分とするベクトルを意味します。すなわち、$\left(\frac{\partial}{\partial x}, \frac{\partial}{\partial y}, \frac{\partial}{\partial z}\right) \equiv \nabla$ を表します※注。

したがって、式（9－8）の体積積分の式から**微分表現**として

$$\nabla \boldsymbol{D} = \rho \qquad (9-9)$$

または

$$div\boldsymbol{D} = \rho \qquad (9-10)$$

と表します。div は発散を意味しています。

※注：付録Dを参照。

9−2−2　磁場に関するガウスの法則

磁場に関するガウスの法則も、単独の磁極（磁荷）が存在すると仮定すれば（磁極は単独では取り出すことはできない）、電場と同じように扱うことができます。

便宜上、$m\,[Wb]$ の磁荷があるとして、そこから $r\,[m]$ 離れているところの磁場 $H\,[A/m]$（または $H\,[N/Wb]$）の大きさは

$$H = \frac{m}{4\pi\mu_0 r^2} \qquad (9-11)$$

と表されます。ここで、μ_0は真空の透磁率です。

磁荷 $m\,[Wb]$ を囲む領域（磁場）から出入りする磁力線の総数は0となります。すなわち、磁荷は単独で存在することができず $-m\,[Wb]$ の磁荷も対で存在することからトータルで0となります。

したがって、**磁場に関するガウスの法則**は

$$\int HdS = 0 \qquad (9-12)$$

となります。

磁束密度 $B = \mu_0 H\,[Wb/m^2]$ で表しても、領域から出入りする磁束は0になります。

すなわち、

$$\int BdS = 0 \qquad (9-13)$$

です。

ガウスの定理を使って**体積積分**に変換すると

$$\int BdS = \int \nabla \boldsymbol{B} dV = 0 \qquad (9-14)$$

と表すことができます。

これより**微分表現**では

$$\nabla \boldsymbol{B} = 0 \qquad (9-15)$$

または

$$div\boldsymbol{B} = 0 \qquad (9-16)$$

となります。

9−2−3　ビオ・サバールの法則

導体の極少部分 $dl\,[m]$ を電流 $I\,[A]$ が流れているときの Idl を電流素片として、ここから $r\,[m]$ 離れた P 点に作る電場の大きさ $dH\,[A/m]$ は

$$dH=\frac{Idl\,\sin\theta}{4\pi r^2} \qquad (9-17)$$

と表されます（図9－2）。この式を**ビオ・サバールの法則**といいます。

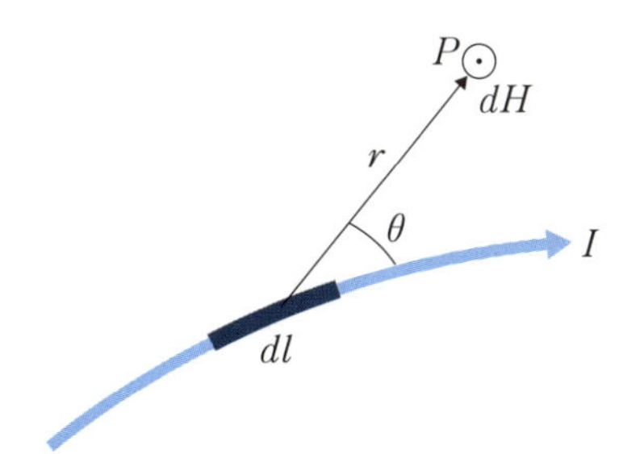

図9－2　電流素片 Idl の作る磁場

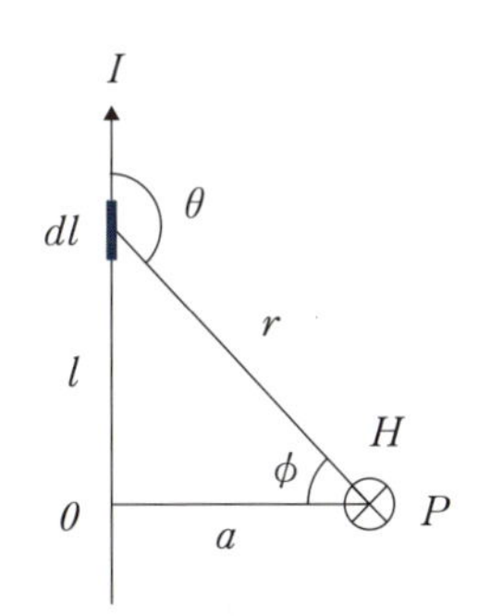

図9－3　直線電流の作る磁場

次に、これを利用して直線電流 $I\,[A]$ から $a\,[m]$ 離れたところに作る磁場を求めてみます（図9－3）。

P点からr離れたdlの電流素片がP点に作る磁場は紙面に垂直なので、$l=-\infty$から$l=\infty$までの和がP点における磁場の強さ$H\,[A/m]$になります。

すなわち、

$$H=\int_{-\infty}^{\infty}dH=\frac{I}{4\pi}\int_{-\infty}^{\infty}\frac{\sin\theta}{r^2}dl=\frac{I}{4\pi}\int_{-\infty}^{\infty}\frac{\sin\theta}{l^2+a^2}dl \qquad (9-18)$$

となります。

ここで、$l=a\tan\phi$、$\theta=\phi+\frac{\pi}{2}$、$\sin\theta=\cos\phi$（三角関数の公式：$\sin\left(\theta+\frac{\pi}{2}\right)=\cos\theta$ より）および $dl=\frac{ad\phi}{\cos^2\phi}$（$l=a\tan\phi$ において l を ϕ について微分すると

$\frac{dl}{d\phi}=a\frac{1}{cos^2\phi}$）を代入すると、

式（9－18）は

$$H=\frac{I}{4\pi}\int_{-\infty}^{\infty}\frac{sin\,\theta}{l^2+a^2}dl=\frac{I}{4\pi}\int_{-\frac{\pi}{2}}^{\frac{\pi}{2}}\frac{cos\,\phi}{(a\,tan\,\phi)^2+a^2}\frac{ad\phi}{cos^2\phi}$$

$$=\frac{I}{4\pi}\int_{-\frac{\pi}{2}}^{\frac{\pi}{2}}\frac{a\,cos\,\phi}{a^2(1+tan^2\phi)\,cos^2\phi}d\phi$$

$$=\frac{2I}{4\pi a}\int_{0}^{\frac{\pi}{2}}\frac{1}{(1+tan^2\phi)\,cos\,\phi}d\phi$$

$$=\frac{I}{2\pi a}\int_{0}^{\frac{\pi}{2}}\frac{1}{\left(1+\frac{sin^2\phi}{cos^2\phi}\right)cos\,\phi}d\phi$$

$$=\frac{I}{2\pi a}\int_{0}^{\frac{\pi}{2}}\frac{1}{cos\,\phi+\frac{sin^2\phi}{cos\,\phi}}d\phi$$

$$=\frac{I}{2\pi a}\int_{0}^{\frac{\pi}{2}}\frac{cos\,\phi}{cos^2\phi+sin^2\phi}d\phi$$

$$=\frac{I}{2\pi a}\int_{0}^{\frac{\pi}{2}}cos\,\phi d\phi$$

$$=\frac{I}{2\pi a} \qquad (9-19)$$

と計算されます。

この結果を電流 I から見ると

$$I=2\pi a\cdot H \qquad (9-20)$$

と書き直すことができます。円周 $2\pi a$ と磁場 H の積は、円周が取り囲む曲面内を通る電流に等しいということを意味します。

ソレノイドコイル※注においても１つのコイルを流れる電流とそのコイルを貫通する磁場との間でビオ・サバールの法則が成り立ちます。

このようなコイルにおけるビオ・サバールの法則から成り立つ電流と磁場の関係を**アンペールの法則**と呼びます。

コイルを曲線と見立てて曲線に沿って線要素と電場の積を足し合わせる計算は線積分となりますので、アンペールの法則は線積分で表すことができます。

曲線の微小部分を dl [m]、曲線を流れる電流を I [A]、磁場を H [A/m] とす

※注：８章の図８－１を参照。

ると、式（９－20）を参照して

$$\int Hdl = I \qquad (9-21)$$

となります。

ベクトル同士の積である内積で表すと

$$\int \boldsymbol{H}d\boldsymbol{l} = I \qquad (9-22)$$

となります。$\boldsymbol{H}d\boldsymbol{l}$ は**ベクトルの内積**※注1を表しています。

さらに、式（９－21）を一般化して、電流を電流密度のベクトル $\boldsymbol{J}\,[A/m^2]$、電流が流れる微小面積を面に垂直な方向のベクトル $dS\,[m^2]$ として内積で表すと

$$\int \boldsymbol{H}d\boldsymbol{l} = \int \boldsymbol{J}d\boldsymbol{S} \qquad (9-23)$$

が得られます。

ストークスの定理※注2を使って、線積分を面積分に変換すると

$$\int \boldsymbol{H}d\boldsymbol{l} = \int (\nabla \times \boldsymbol{H})\cdot d\boldsymbol{S} = \int \boldsymbol{J}d\boldsymbol{S} \qquad (9-24)$$

となります。$\nabla \times \boldsymbol{H}$ はベクトルの外積で表される回転を表しています。

$d\boldsymbol{S}$ は大きさが dS で面に垂直の方向のベクトルを表しており、例えば電流密度ベクトル $\boldsymbol{J}$ が面に垂直なとき

$$\boldsymbol{J}d\boldsymbol{S} = JdS$$

となります。

また、電流には変位電流密度 $\dfrac{\partial D}{\partial t}\,[A/m^2]$（電束密度 $D\,[C]$）も含まれるため

$$\int (\nabla \times \boldsymbol{H})\, d\boldsymbol{S} = \int \boldsymbol{J}d\boldsymbol{S} + \frac{\partial}{\partial t}\int \boldsymbol{D}d\boldsymbol{S} \qquad (9-25)$$

と拡張することができます。

ファラデーは、磁場が時間的に変化すると電場が生じることを発見しましたが（電磁誘導の法則）、マクスウェルが理論的考察を加えた結果、電場が時間的に変化するときはある種の電流と考えてよいことを見出しました。この電流は変位電流といわれるものです。マクスウェルは変位電流も、通常の真の電流と同じように磁場をつくると考えてアンペールの法則を拡張しました。この法則を**アンペール・マクスウェルの法則**と言います。

これより微分形では

※注１：ベクトルとベクトル積については付録Ｄを参照。
※注２：ストークスの定理については付録Ｄを参照。

$$(\nabla \times \boldsymbol{H}) = \boldsymbol{J} + \frac{\partial \boldsymbol{D}}{\partial t} \qquad (9-26)$$

または

$$rot\boldsymbol{H} = \boldsymbol{J} + \frac{\partial \boldsymbol{D}}{\partial t} \qquad (9-27)$$

と表すことができます※注。

9−2−4 ファラデーの電磁誘導の法則

コイルに磁石を近づけて磁束 Φ [Wb] が変化すると、レンツの法則によってその変化を妨げる向きにコイルに電流が流れます。閉じていないコイルの両端に発生する誘導電圧 e [V] は

$$e = -\frac{d\Phi}{dt} \qquad (9-28)$$

です。

ここで、磁束 Φ は磁束密度 B と微小面積 dS との積として

$$\Phi = \int BdS \qquad (9-29)$$

で表されます。

ベクトルの内積表現では、磁束密度 $\boldsymbol{B}$ と微小面積ベクトル $\boldsymbol{dS}$ との積として

$$\Phi = \int \boldsymbol{BdS} \qquad (9-30)$$

と表されます。ここで、微小面積ベクトル $\boldsymbol{dS}$ の向きは面の法線方向（垂直方向）で、大きさは面積 dS です。

一方、この誘導電圧 e [V] はコイルに発生した誘導電場 E [V/m] によるので、誘導される電圧 e（誘導起電力）は誘導電場 E とコイルの微小部分 dl の積分として

$$e = \int Edl \qquad (9-31)$$

と表されます。誘導電場 $\boldsymbol{E}$ と微小部分ベクトル $\boldsymbol{dl}$ の内積表現では

$$e = \int \boldsymbol{Edl} \qquad (9-32)$$

と表されます。

これらからファラデーの電磁誘導の法則は次の積分で表されます。式（9−

※注：rot の意味は1−18節を参照。

28）に、式（9－29）と式（9－31）を代入します。

$$\int \boldsymbol{E}d\boldsymbol{l} = -\frac{d}{dt}\int \boldsymbol{B}d\boldsymbol{S} \qquad (9-33)$$

ストークスの定理を使って線積分を面積分に変換すると

$$\int \boldsymbol{E}d\boldsymbol{l} = \int (\nabla \times \boldsymbol{E})\, d\boldsymbol{S} = -\frac{d}{dt}\int \boldsymbol{B}d\boldsymbol{S} \qquad (9-34)$$

となります。

これより電磁誘導の法則の**微分表現**では

$$\nabla \times \boldsymbol{E} = -\frac{d\boldsymbol{B}}{dt} \qquad (9-35)$$

または

$$rot\boldsymbol{E} = -\frac{d\boldsymbol{B}}{dt} \qquad (9-36)$$

が得られます。

9-3 4つのマクスウェルの方程式

これまで調べてきた電磁場の法則は、4つの積分の表現にまとめることができます。これらのまとめた式をマクスウェルの方程式と呼んでいます。

そしてガウスの定理やストークスの定理を使って線積分、面積分、体積積分の変換を行うと、積分を外して微分表現を得ることができます。微分表現では div、rot を使います。

(a) 電場に関するガウスの法則

［意味］閉曲面内の電束の和は内部に含まれる真電荷に等しい。

電荷は、自由電荷と束縛電荷に区別することができます。真電荷は自由電荷になります。真電荷は真空中に単独で取り出すことのできる電荷です。これに対して、1つの分子が分極によって発生した電荷は分極電荷と呼ばれ、取り出すことができません。コンデンサの極板間の誘電体の分極化による電荷も取り出すことができません。このような電荷を束縛電荷といいます。

［積分表現］面積分を体積分に変換するときに、ガウスの定理を使います。真電荷の体積密度を $\rho\,[C/m^3]$ とします。

$$\int \boldsymbol{D}dS = \int \nabla \boldsymbol{D}dV = \int \rho dV \qquad (9-37)$$

［微分表現］体積積分の被積分関数（$\nabla \boldsymbol{D}$ と ρ）を比較します。

$$div\boldsymbol{D} = \rho \qquad (9-38)$$

(b) 磁場に関するガウスの法則

［意味］閉曲面内の磁束の和は0である。閉曲面内に真磁荷は存在しない。

［積分表現］

$$\int \boldsymbol{B}dS = \int \nabla \boldsymbol{B}dV = 0 \qquad (9-39)$$

［微分表現］

$$div\boldsymbol{B} = 0 \qquad (9-40)$$

磁石は必ず N 極と S 極がペアになっているので、片方の磁極を取り出すことはできません。すなわち、真磁荷というものは存在しません。実際には分極磁荷として考えます。

(c) アンペールの法則

［意味］閉曲線のまわりの磁場は閉曲面を貫く電流の和に等しい。電場が時間的に変化すると変位電流が流れる。すなわち、電束密度 $D\,[C/m^2]$ が時間的に変化すると変位電流（変位電流密度 $\frac{\partial D}{\partial t}\,[A/m^2]$）が流れる。

［積分表現］線積分から面積分に変換するために、ストークスの定理を使います。式（9－24）に変位電流の項を加えます。

$$\int \boldsymbol{H} dl = \int (\nabla \times \boldsymbol{H})\, dS = \int \left(\boldsymbol{J} + \frac{\partial \boldsymbol{D}}{\partial t} \right) dS \qquad (9-41)$$

［微分表現］面積積分の被積分関数 $\left(\nabla \times \boldsymbol{H} \text{ と } \boldsymbol{J} + \frac{\partial \boldsymbol{D}}{\partial t} \right)$ を比較します。

$$rot\boldsymbol{H} = \boldsymbol{J} + \frac{\partial \boldsymbol{D}}{\partial t} \qquad (9-42)$$

(d) ファラデーの電磁誘導の法則

［意味］磁束の時間変化を妨げるように誘導起電力が発生する。

［積分表現］線積分から面積分に変換するために、ストークスの定理を使います。9－2節の式（9－34）になります。

$$\int \boldsymbol{E} dl = \int (\nabla \times \boldsymbol{E})\, dS = -\frac{d}{dt} \int \boldsymbol{B} dS$$

［微分表現］面積積分の被積分関数 $\left(\nabla \times \boldsymbol{E} \text{ と } -\frac{d}{dt}\boldsymbol{B} \right)$ を比較します。9－2節の式（9－36）になります。

$$rot\boldsymbol{E} = -\frac{d\boldsymbol{B}}{dt}$$

マクスウェルの方程式をまとめると、以下のようになります。上記の式（9－38）、式（9－40）、式（9－36）、式（9－42）の4つの式で構成されます。式（9－36）は偏微分の表記で記載しています。

$$div\boldsymbol{D} = \rho$$
$$div\boldsymbol{B} = 0$$
$$rot\boldsymbol{E} = -\frac{\partial \boldsymbol{B}}{\partial t}$$
$$rot\boldsymbol{H} = \boldsymbol{J} + \frac{\partial \boldsymbol{D}}{\partial t}$$

［例題 9 - 1］

マクスウエルの方程式から電荷保存則の微分形を導きなさい。

［解答］

マクスウエルの方程式の拡張形であるアンペール・マクスウエルの方程式の両辺の発散をとります。

アンペール・マクスウエルの方程式（式（9 −42））は

$$rot\ \boldsymbol{H}=\boldsymbol{J}+\frac{\partial \boldsymbol{D}}{\partial t}$$

です。

両辺の発散をとると

$$div\ rot\ \boldsymbol{H}=div\ \boldsymbol{J}+div\ \frac{\partial \boldsymbol{D}}{\partial t} \quad (9-43)$$

となります。

ここで、ベクトル演算子の重要な関係式から

$$div\ rot\ \boldsymbol{H}=0$$

となります※注。

したがって、式（9 −43）は

$$0=div\ \boldsymbol{J}+div\ \frac{\partial \boldsymbol{D}}{\partial t}$$

$$div\ \boldsymbol{J}+\frac{\partial}{\partial t}\ div\ \boldsymbol{D}=0 \quad (9-44)$$

となります。

左辺に電場に関するガウスの法則（$div\ \boldsymbol{D}=\rho$）を適用すると

$$div\ \boldsymbol{J}+\frac{\partial}{\partial t}\ \rho=0 \quad (9-45)$$

が得られます。この式は ∇ を使って

$$\nabla\cdot\boldsymbol{J}+\frac{\partial \rho}{\partial t}=0 \quad (9-46)$$

と書くこともできます。ここで、$\boldsymbol{J}$ は電流密度で ρ は電荷密度です。

これらの式は、微分系で表現した電荷の保存則（*principle of conservation of charge*）または連続の式（電流の連続性）といいます。特に、$\nabla\cdot\boldsymbol{J}=0$ のとき

※注：付録Ｄ「電磁気に必要な数学の基礎知識」のＤ− 4 参照。

は、定常電流の状態であるといいます。

この式を $\nabla \cdot \boldsymbol{J} = -\frac{\partial \rho}{\partial t}$ と変形すると、電流が湧き出す（発散する）ときには、内部の電荷が減少することを意味しています。

具体的な例をあげれば、蓄電器の１つであるコンデンサに貯め込まれた（蓄電された）電荷は、コンデンサに電線をつないで逃げ道を作ってやると電位の低い方へ流れていきます。また、静電気や雷でも同じことが生じます。このように電流は電荷が蓄積されているところを源として生じることになります。

答：$div\ \boldsymbol{J} + \frac{\partial}{\partial t}\rho = 0$ または $\nabla \cdot \boldsymbol{J} + \frac{\partial \rho}{\partial t} = 0$

9−4 マクスウェルの方程式の応用

マクスウェルの方程式を使って、対称性などを利用すると、いくつかの応用問題を見通しよく解くことができます。特に、積分形では問題を数式で解くことができます。これに対して微分形は、空間を小さな領域に区切って、隣の微小領域との関連式から数値計算で問題を解くときに利用することができます。

マクスウェルの方程式を利用して、いくつかの例題を解いていきます。

9−4−1 ガウスの法則の利用

[例題9−2]

真空中の無限に長い直線に、線電荷密度λ [C/m] で一様に電荷が分布しているとき、直線からa [m] 離れた点の電場E [N/C] を求めなさい。

[解答]

電荷の密度には、体積密度、面密度、線密度があります。**線電荷**とは、ある線上に電荷が分布していることをいいます。この例題は無限に長い直線に一様に電荷が分布している場合についてです。**線電荷密度**はギリシャ文字のλ（ラムダ）で表し、単位長さあたりの電気量 [C/m] のことをいいます。

半径a [m]、高さh [m] の円柱を閉曲面とする**ガウスの法則の積分形**を考えます（図9−4）。

この円柱に含まれる真電荷はλh [C] となります。

円柱の側面の電場をE [N/C] とすると、対称性からEは円柱の側面に垂直で、上面と下面の電場は0になります。

したがって、ガウスの法則の積分形は

$$\int EdS = 2\pi ahE = \frac{\lambda h}{\varepsilon_0}$$

となります。これより電場Eは

$$E = \frac{\lambda}{2\pi a\varepsilon_0}$$

となります。

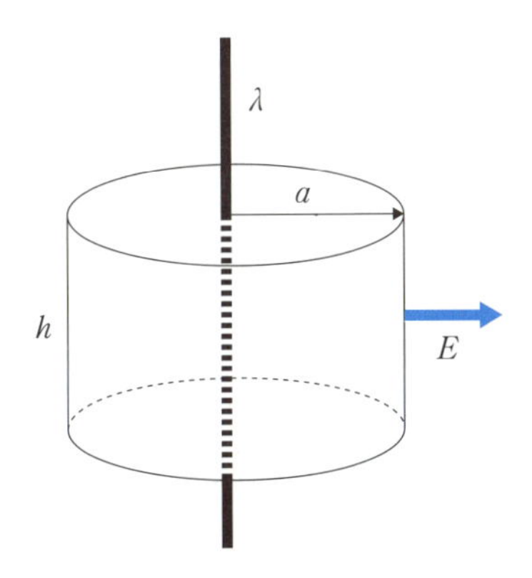

図９－４　一様に帯電した直線のまわりの電場

答：$E=\dfrac{\lambda}{2\pi a\varepsilon_0}$ $[N/C]$

［例題９－３］

真空中において面密度 σ $[C/m^2]$ で一様に帯電した無限平面の作る電場を求めなさい（図９－５）。

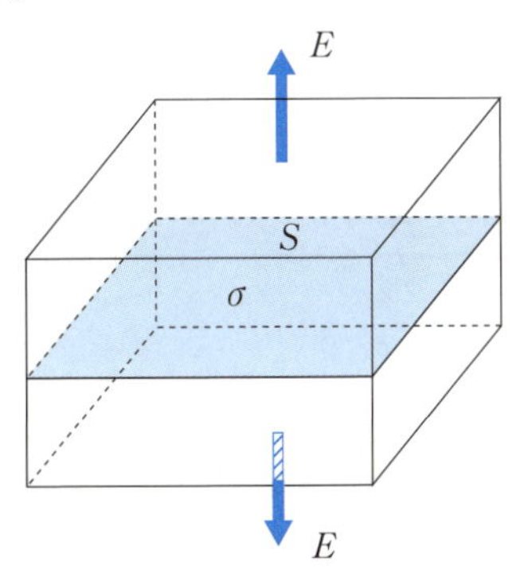

図９－５　一様に帯電した平面のまわりの電場

［解答］

電荷の面密度とは単位面積あたりの電荷量 $[C/m^2]$ をいいます。ギリシャ文字の σ（シグマ）で表します。

無限大に広がった帯電面の中の面積 S $[m^2]$ の帯電面を考え、これを囲む直方体にガウスの法則を適用します。

帯電面は無限大に広がっているので、上面下面の電場 E $[N/C]$ は、帯電面からの距離にかかわらず一定になります。

ガウスの法則の積分形は

$$\int EdS = 2SE = \frac{\sigma S}{\varepsilon_0}$$

となります。

これより電場 E は

$$E = \frac{\sigma}{2\varepsilon_0}$$

となります。

2枚の正負の電荷を蓄えるコンデンサの極板間の電場は、同じ向きに電場が重なっているので、上で求めた電場の2倍（$E = 2 \times \frac{\sigma}{2\varepsilon_0} = \frac{\sigma}{\varepsilon_0}$）になります。コンデンサの外側では互いに打ち消しあって電場は0になります。

答：$E = \frac{\sigma}{2\varepsilon_0}$ [V/m]

[例題 9 − 4]

半径が a [m]、b [m] で、長さ l [m] の円板極板からなるコンデンサの容量を求めなさい（図 9 − 6）。

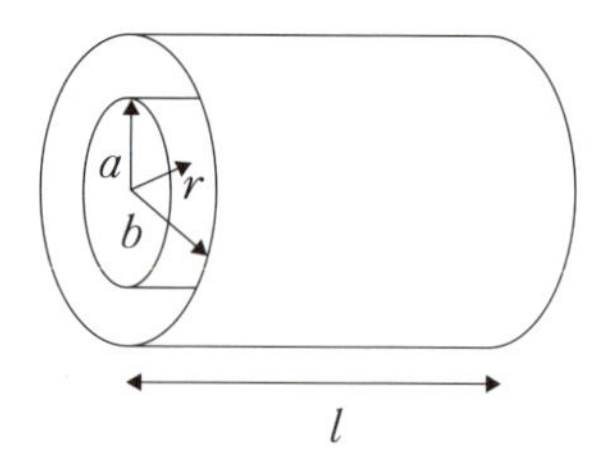

図 9 − 6 円筒型のコンデンサ

[解答]

内側と外側にそれぞれ $\pm q$ [C] の電荷が蓄えられているとして、極板間の電場 $E(r)$ を求め、得られた電場から電位を求めます。r [m] は円柱の中心からの距離です。

半径 r をもつ円柱で囲まれる閉曲面内に含まれる電荷は、曲面の内側に蓄えられている電荷 $+q$ [C] です。

したがって、ガウスの法則（積分形）から

$$\int EdS = 2\pi rl \cdot E(r) = \frac{q}{\varepsilon_0}$$

となります。

したがって電場 $E(r)$ は

$$E(r)=\frac{q}{2\pi r l\varepsilon_0}$$

となります。

極板間の電位差は

$$V=V_a-V_b=-\int_a^b E(r)dr=-\int_a^b \frac{q}{2\pi r l\varepsilon_0}dr=\frac{q}{2\pi l\varepsilon_0}ln\frac{b}{a}$$

となります。ここで、ln はネピアの数（$e=2.718$）を底とする自然対数 log_e を表し、積分 $\int\frac{1}{r}dr$ から得られます。

コンデンサの容量を $C\,[F]$ とすると、コンデンサの定義 $q=CV$ より $C\,[F]$ を求めると

$$C=\frac{q}{V}=\frac{2\pi l\varepsilon_0}{ln\frac{b}{a}}$$

が得られます。

答：$C=\dfrac{q}{V}=\dfrac{2\pi l\varepsilon_0}{ln\frac{b}{a}}\ [F]$

［例題 9 － 5］

真空中に真電荷 $q\,[C]$ が存在するとき、真電荷の周りの電位 $V\,[V]$ はポアッソンの方程式

$$\nabla^2 V=\frac{\rho}{\varepsilon_0}$$

を満たすことを示しなさい。

［解答］

電場と電位の関係を微分形で表し、次に、電場に関するガウスの法則の微分形に代入します。

電場は電位の傾きで与えられるので

$$\boldsymbol{E}=-\nabla V \quad \text{または} \quad \boldsymbol{E}=-grad V$$

となります。

ガウスの法則は

$$\nabla \boldsymbol{E}=\frac{\rho}{\varepsilon_0} \quad \text{または} \quad div\boldsymbol{E}=\frac{\sigma}{\varepsilon_0}$$

です。

この式に上の式を代入すると、その大きさは

$$\nabla E=\nabla(\nabla V)=\nabla^2 V=\frac{\rho}{\varepsilon_0}$$

から

$$\nabla^2 V=\frac{\rho}{\varepsilon_0}$$

となります。

このようにポアソンの方程式は、電荷の分布から電位が求められる便利な式です。

答：上記の説明

9−4−2　ファラデーの電磁誘導の法則の利用

［例題 9 − 6］

翼の両端の長さが50 [m] の旅客機が、速さ200 [m/s] で水平に飛行しているとき、両翼端に発生する電位差を求めなさい（図 9 − 7）。ただし、地磁気の垂直成分（磁束密度）を $B=4\times10^{-5}[T]$ とする。

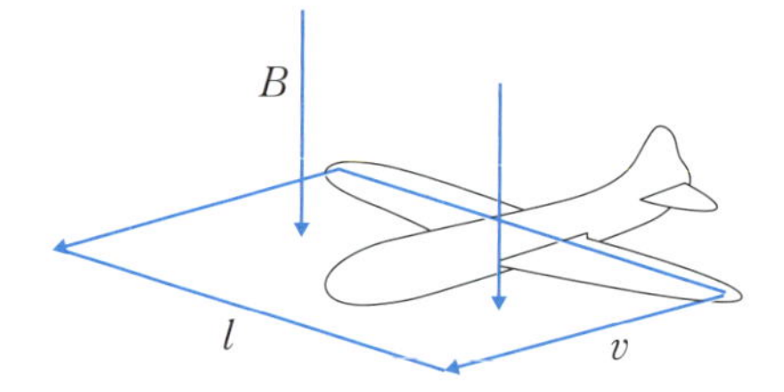

図 9 − 7　旅客機の両翼端に発生する電圧

［解答］

地球の磁気のことを地磁気といいます。方位磁石が北を向くことからわかるように、地球には磁場があります。この磁場を地磁気と呼んでいます。

この例題は、第 7 章の「7 − 3　直線状導体に発生する誘導起電力」と同じ方法で解くことができますが、ファラデーの電磁誘導の法則の積分形から考えてみます。

ファラデーの電磁誘導の法則の積分形における線積分は電位差を表しています。

式（9 −34）で、常微分形式 $\frac{d}{dt}$ を偏微分の形式 $\frac{\partial}{\partial t}$ で表すと

$$\int \boldsymbol{E}dl = \int (\nabla \times \boldsymbol{E})\, dS = -\frac{\partial}{\partial t}\int \boldsymbol{B}d\boldsymbol{S}$$

です。

単位時間当たりの磁束変化は

$$\frac{\partial}{\partial t}\int \boldsymbol{B}d\boldsymbol{S} = vlB$$

になるので

$$\int Edl = V = -vlB$$

が得られます。

この式に題意の数値を代入すると、電位差は

$$V = vlB = 200 \times 4 \times 10^{-5} \times 50 = 0.4\ [V]$$

となります。

答：0.4 [V]

[別解：ローレンツ力から計算]

電荷 q [C] が磁束密度 B [T] の中を速度 v [m/s] で運動するとき

$$\boldsymbol{f} = q\boldsymbol{v} \times \boldsymbol{B}\ [N]$$

のローレンツ力を受けます。

上の式を q [C] で割ると電場 E [N/C] になるので、電場の線積分を行うと電圧 V [V] が得られます。

すなわち、

$$V = \int \boldsymbol{E}dl = \int \frac{\boldsymbol{f}}{q}dl = \int (\boldsymbol{v} \times \boldsymbol{B})\, dl$$

となります。

速度 v と磁束密度 B は直交しているので、$V = vBl$ となり、上式と同じように計算することができます。

9−4−3　アンペール・マクスウェルの法則

[例題 9 − 7]

電流が互いに反対方向に I[A] 流れる無限長の平行電線がある(図 9 − 8)。電線間距離が a [m] であるとき、単位長さ当たりの電線に働く力を求めなさい。

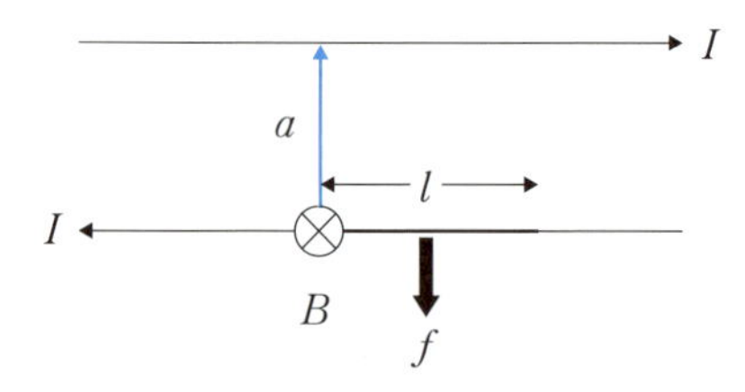

図 9 − 8　平行電線に働く力

[解答]

電線から a [m] 離れたところの磁束密度 B [T] によって電線上の長さ l [m] の部分に働く力 f [N] を求めます。

無限長の電流 I[A] から a [m] 離れたところの磁束密度は、半径 a の周方向の微少距離を ds とすると

$$\int Bds = 2\pi aB = \mu_0 I$$

となる※注ので、磁束密度は

$$B = \frac{\mu_0 I}{2\pi a}$$

となります。

電流 I[A] が流れる長さ l [m] の電線が受ける力 f [N] は

$$f = IBl$$

であるので、単位長さあたりに働く力の大きさは

$$\frac{f}{l} = IB = I \times \frac{\mu_0 I}{2\pi a} = \frac{\mu_0 I^2}{2\pi a}$$

となります。力の向きは斥力となります。

ここで、$\mu_0 = 4\pi \times 10^{-7}$ [N/A^2] を代入すると、真空中で 1 [A] の電流が 1 [m] 離れた平行電線間に働く単位長さ当たりの力は f = 2×10^{-7} [N] になるので、この力が働く電流の大きさは 1 [A] であると定義としてもよいことになります。ここ

※注：第 1 章の式（1 −30）と $B = \mu_0 H$ により算出。

で、電流間に働く力は**アンペール力**と呼ばれています。

答：$\dfrac{\mu_0 I^2}{2\pi a}$ $[N/m]$

［例題9－8］

図9－9のように、無限に長く単位長さ当たり n [回/m] 巻のソレノイドコイルに $I[A]$ の電流を流したときのコイルの中に発生する磁束密度を求めなさい。

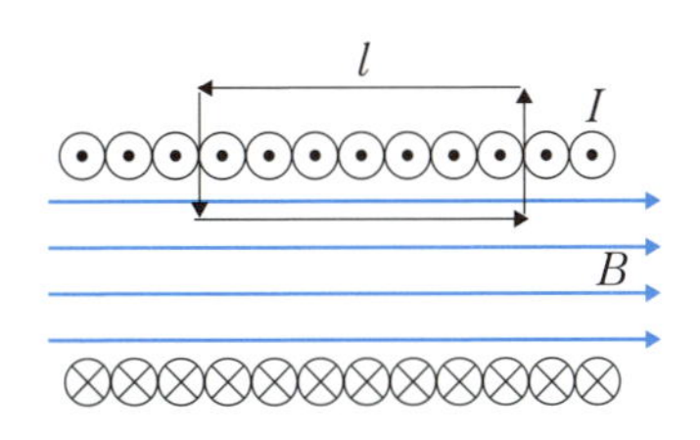

図9－9　無限に長いソレノイドコイル

［解答］

ソレノイドコイルの外側では磁束密度は0になり、線積分は内部のみ値をもちます。ソレノイドコイルの長さ $l\,[m]$ の閉曲線で囲まれる面内を貫通する電流は $nlI\,[A]$ より

$$\int Bdl = Bl = \mu_0 nlI$$

になります。

これよりソレノイド内の磁束密度 $B\,[T]$ の大きさは

$$B = \mu_0 nI$$

となります。

答：$B = \mu_0 nI\,[T]$

[例題9 − 9]

図9 −10のように、半径が a [m]、b [m] の長さ l [m] の円柱パイプから成る同軸ケーブルの単位長さ当たりの自己インダクタンス L [H] を求めなさい。

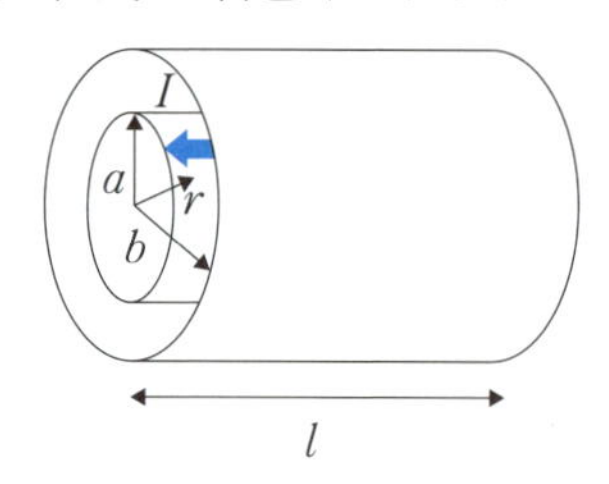

図9 −10　同軸ケーブルのインダクタンス

[解答]

内側に電流 I [A] が流れているとして、$a<r<b$ の領域で半径 r [m] の位置の磁束密度 $B(r)$[Wb/m^2] を求めます。計算方法は円筒型コンデンサと同じように考えます。

$$\int Bds = 2\pi r B(r) = \mu_0 I$$

したがって、磁束密度は

$$B(r) = \frac{\mu_0 I}{2\pi r}$$

となります。

長さ l [m] の導体間の全磁束 Φ [Wb] は

$$\Phi = \int_a^b B[r] l dr = \frac{\mu_0 I l}{2\pi}\int_a^b \frac{1}{r} dr = \frac{\mu_0 I l}{2\pi} ln\frac{b}{a}$$

となります。

インダクタンスの定義より、単位長さ当たりのインダクタンス L [H/m] は、

$$\frac{\Phi}{l} = LI$$

となる※注ので、

$$L = \frac{\Phi}{lI} = \frac{\mu_0}{2\pi} ln\frac{b}{a}$$

となります。このインダクタンスは $a<r<b$ の部分の寄与をとり出した値です。

答：$L = \dfrac{\mu_0}{2\pi} ln\dfrac{b}{a}$ [H/m]

※注：第8章の式（8 − 5）により算出。

付録

付録A　電磁気に関係する物理量と単位記号

最も基本的な単位について、長さ・質量・時間・電流の4つを考え、それぞれ[m]、[kg]、[s]、[A]とかっこを付けて表します。これらの単位を基本単位系といい、頭文字をとって*MKSA*単位系と呼びます。この中では臨機応変に積や商で表したり、べき乗で表したりします。しかしながら、基本単位系だけでいろいろな物理量を表すのは煩雑になるので、代表的な物理量に固有名詞を付けて簡単化しています。これを組立単位と呼びます。

例えば、力の単位である(力)=(加速度)×(質量)はニュートンの法則から$\left[\frac{m}{s^2}\cdot kg\right]$となりますが、これをまとめて1つの力の単位としてニュートン[N]を使います。この固有名を使った組立単位と*MKSA*基本単位をまとめた単位を**SI単位系**（*International System of Units*）と呼んでいます。*SI*単位系の構成を図A－1に、*SI*基本体系と補助単位を表A－1と表A－2に示します。

いろいろな式の変形を行う場合に、単位も同時に記述し変形していければ、式のチェックに役立ち、間違いを減らすことができます。

物理量と単位との関係と基本的な物理量をそれぞれ表A－3と表A－4にまとめます。これらの表の中の物理量と単位は本文でも使用しています。

ここで、値を表す変数や定数にはどのような記号を使ってもよく、わかりやすいようにエネルギーなら*Work*の頭文字をとってW、仕事率や電力などは*Power*の頭文字をとってPなどがよく使われます。また、物理量変数と単位との混乱を避けるために、単位にはかっこ[ ]を付けます。

基本単位や組立単位を同時に使った混合表現を行う場合には、表A－3、A－4の他にもいろいろな変形が考えられます。

*SI*単位系
- *SI*単位
  - 基本単位
  - 補助の単位
  - 組立単位
    - 固有の名称をもつ単位（電圧V、電気抵抗Ωなど）
    - その他の単位※注（面積m^2、体積m^3、磁界の強さA/m、誘電率F/mなど）
- 接頭語

図A－1　*SI*単位系の構成

※注：基本単位と補助の単位を用いて表されるもの、および固有の名称を用いて表されるもの。

表A－1 *SI*基本単位

量	名称	記号
長さ	メートル	m
質量	キログラム	kg
時間	秒	s
電流	アンペア	A
熱力学温度	ケルビン	K
物質量	モル	mol
光度	カンデラ	cd

表A－2 *SI*補助単位

量	名称	記号
平面角	ラジアン	rad
立体角	ステラジアン	sr

表A－3 物理量と単位との関係

物理量	よく使われる変数記号	*SI*単位の記号と名称	基本単位（*MKSA*）	慣用単位および周辺単位の混合表現
長さ	l, L	m メートル	m	pc
質量	m	kg キログラム	kg	t
電流	i, I	A アンペア	A	
時間	t, T	s 秒	s	d, h, min
温度	T	K ケルビン		
物質量	n	mol モル		
力	f, F	N ニュートン	$m \cdot kg \cdot s^{-2}$	
電圧，電位	V, ϕ, e	V ボルト	$m^2 \cdot kg \cdot s^{-3} \cdot A^{-1}$	$J/C, Wb/s$
電力，仕事率	W, P	W ワット	$m^2 \cdot kg \cdot s^{-3}$	J/s

電力量, エネルギー	E, W	J ジュール	$m^2 \cdot kg \cdot s^{-2}$	$N \cdot m$, $W \cdot s$, $W \cdot h$, $e \cdot V$
磁荷，磁束	q_m, m	Wb ウェーバ	$m^2 \cdot kg \cdot s^{-2} \cdot A^{-1}$	$V \cdot s$
電荷，電束	q, Q	C クーロン	$s \cdot A$	
インダクタンス	L, M	H ヘンリー	$m^2 \cdot kg \cdot s^{-2} \cdot A^{-2}$	Wb/A, $T \cdot m^2/A$
キャパシタンス	C	F ファラッド	$m^{-2} \cdot kg^{-1} \cdot s^4 \cdot A^2$	C/V
磁場	H	A/m	$m^{-1} \cdot A$	N/Wb
電場	E	V/m	$m \cdot kg \cdot s^{-3} \cdot A^{-1}$	N/C
磁束密度	B	T テスラ	$kg \cdot s^{-2} \cdot A^{-1}$	Wb/m^2, $N/A \cdot m$
電束密度	D	C/m^2	$m^{-2} \cdot s \cdot A$	
誘電率	ε	F/m	$m^{-3} \cdot kg^{-1} \cdot s^4 \cdot A^2$	
透磁率	μ	H/m	$m \cdot kg \cdot s^{-2} \cdot A^{-2}$	N/A^2, $T \cdot m/A$
電気抵抗	R	Ω オーム	$m^2 \cdot kg \cdot s^{-3} \cdot A^{-2}$	V/A

表A－4　基本的な物理量

	定数記号	値	単位	備考
真空中の光速	c	2.9978×10^8	m/s	$c^2 = 1/(\varepsilon_0 \mu_0)$
真空の誘電率	ε_0	8.8542×10^{-12}	F/m	
真空の透磁率	μ_0	$4\pi \times 10^{-7}$	H/m	
電気素量	e	1.6022×10^{-19}	C	電子の電荷量
電子の静止質量	m_e	9.1094×10^{-31}	kg	
アボガドロ数	N_A	6.0221×10^{23}	$1mol$ の粒子数	
ファラデー定数	F	9.6485×10^4	C	$= e \times N_A$
気体定数	R	8.3145	$J/(mol \cdot K)$	mol は無次元
ボルツマン定数	k または k_B	1.3807×10^{-23}	J/K	$= R/N_A$

付録B コイルとソレノイド

本文で記載したコイルとソレノイドコイルは、厳密には違いがありません。使用法により呼び方が異なります。銅線を螺旋状に巻いた円筒状のコイルのことを**ソレノイドコイル**、または円筒状コイルといいます。コイルに電流を流せば軸方向に磁場を発生させます。実験用のソレノイドコイルを写真B－1に示します。

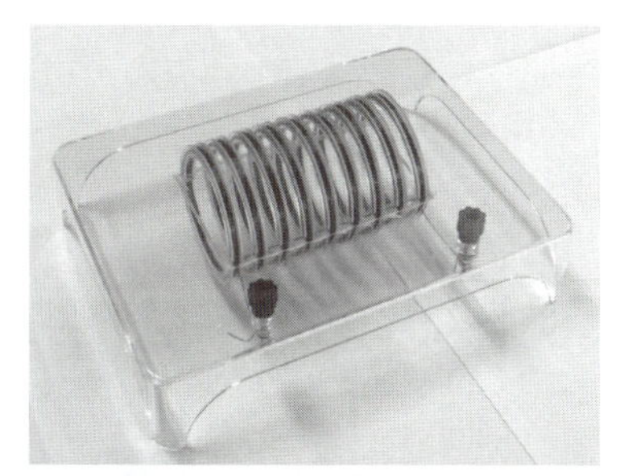

写真B－1 実験用ソレノイドコイル

単に**ソレノイド**といった場合は、コイルと固定磁極、可動用の磁極を一体構成したアクチュエータを指します。特に、電磁石をもちいた方式を**電磁アクチュエータ**といいます。すなわち、電磁石による直動機構をもった駆動アクチュエータのことをいいます。モータは回転運動をするのに対して、ソレノイドは往復運動をする機構部品になります（写真B－2）。

写真B－2 ソレノイド

永久磁石は、鉄などの磁性体を吸着する作用があります（図B－1 (a)）。電磁石は鉄心に銅線をコイル状に巻いて構成したもので、コイルに電流を流すと鉄心が磁化されて釘などの鉄片を吸着します（図B－1 (b)）。コイルの通電をやめると磁力がなくなり、吸着された鉄片は開放されます。このように電磁石はコイルを通電したときのみ磁石としての性質を示します。

ソレノイドは、鉄片の代わりに磁性体で作られたプランジャといわれる可動鉄心（可動磁極）を備えています（図B－1（c））。固定磁極として中空状の鉄心を使用し、その周りにコイルが配置されています。コイルを通電したときに固定磁極と可動鉄心がお互いに吸引し、可動鉄心が固定磁極の中空に引き寄せられる構造になっています。

吸引力はプランジャが固定磁極の中に入っているほど強く、抜けているほど弱くなります（図B－2）。コイルの電流を遮断すると吸着力がなくなりバネなどの復元力により可動磁極は元の位置に復帰します。

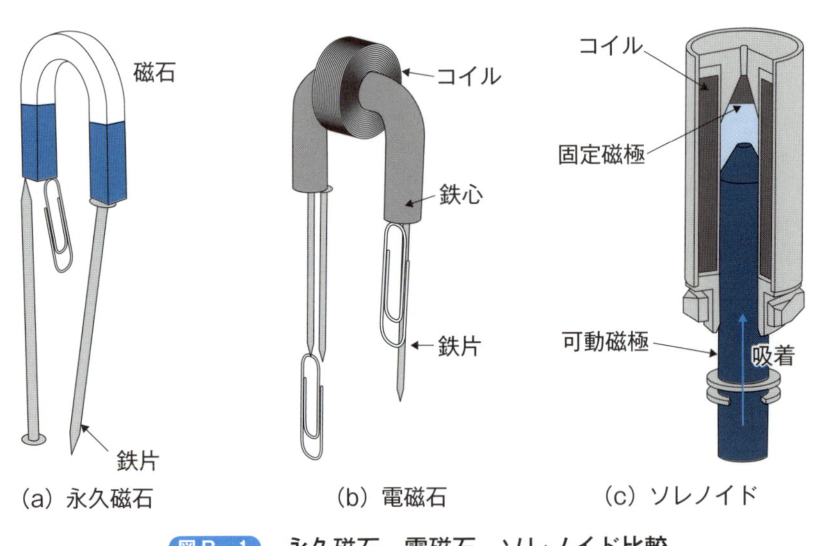

図B－1　永久磁石、電磁石、ソレノイド比較

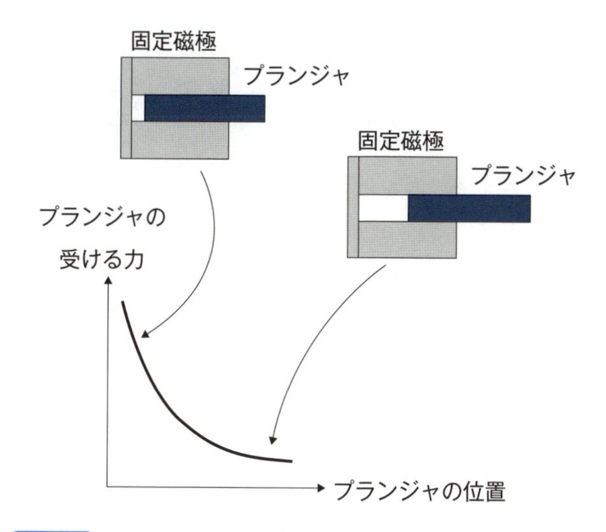

図B－2　ソレノイドのプランジャの位置と吸引力の関係

付録C ベクトルと交流

野球の選手がバットでボールを打ちます。ボールはバットのあたる位置で飛ぶ方向と速度が異なります。このときボールの速さは大きさとなります。この大きさと方向をもつ量を**ベクトル**といいます。また、大きさのことを**スカラー**といいます。ボールの場合は速度ベクトルになります。第2章の静電現象の電場の場合は、電気力線の接線の方向が向きになり、その方向の大きさが電界の強さになります。

一般に、ベクトルの文字記号は$\boldsymbol{F}$や$\boldsymbol{f}$、$\boldsymbol{E}$のように太字のイタリックで表します。数学の複素数と同じ文字記号$\dot{F}$や$\dot{f}$、$\dot{E}$のように文字の上にドットを付けて表記することもあります。図で表現する場合は、ある方向を向いた矢印を使い、矢印の長さが大きさにまたはこれに比例するように描きます。**単位ベクトル**とは、大きさが単位である1のベクトルのことをいいます。

単位ベクトルとは次のように表現します。あるベクトルを$\boldsymbol{r}$とすると、単位ベクトルは

$$\frac{\boldsymbol{r}}{|\boldsymbol{r}|}$$

となります。分母は大きさを表すスカラーで、分子はベクトルになります。

$$\left|\frac{\boldsymbol{r}}{|\boldsymbol{r}|}\right|=1$$

は大きさが1の単位になり、単位ベクトルの大きさになります。

ベクトルを数式で表現する場合は、x軸、y軸、z軸をもった座標を考えます。たとえばボールの速度ベクトルを$\boldsymbol{v}$とすると、これのx軸方向（たとえば横方向）の速度成分をv_x、y軸方向（縦方向）の速度成分をv_y、z軸方向（x軸、y軸に対して鉛直方向）の速度成分をv_zとすると、速度ベクトル$\boldsymbol{v}$は

$$\boldsymbol{v}=(v_x, v_y, v_z)$$

のように表します。

速度ベクトルの大きさは、**ピタゴラスの定理**（または三平方の定理）から

$$v=\left(v_x^2+v_y^2+v_z^2\right)^{\frac{1}{2}}$$

または

$$|\boldsymbol{v}|=\left(v_x^2+v_y^2+v_z^2\right)^{\frac{1}{2}}$$

となります。ベクトルの大きさを太字ではない v または絶対値記号を付けて $|\boldsymbol{v}|$ のように書きます。

次に、コンデンサとコイルに交流電圧を加えた場合のベクトルについて説明します。コンデンサとコイルについては第2章と第8章で説明しています。

交流電圧は一般に $V=V_m\,sin(\omega t+\theta)$（ここで、$V$ は瞬時値、V_m は最大値、ω は角速度、θ は位相）のように表されます。

交流電圧（$\theta=0$ として $V=V_m\,sin\,\omega t$ とする）をコンデンサに加えると、電流 I は電圧 V より位相が $\frac{\pi}{2}\,[rad]$（または90°）進みます。電流は $I=I_m\,sin\left(\omega t+\frac{\pi}{2}\right)$（ここで、$I$ は瞬時値、I_m は最大値）のように表します。

これをベクトル図で表すと図C－1のようになります。電圧 V を基準にしています。これをベクトル記号 $\boldsymbol{V}$ として横軸方向に描きます。電流 $\boldsymbol{I}$ は電圧 $\boldsymbol{V}$ を基準にして反時計方向に $\frac{\pi}{2}\,[rad]$ 回転させたベクトルになります。なお、ベクトルの大きさについては、具体的なものではなく任意の寸法の矢印で表しています。

また、交流で扱うベクトルは電圧と電流の位相を扱うためのもので、2次元のみを考えます。2次元であるため複素数でも扱うことができますが、一般的なベクトル演算を行うことはありません。

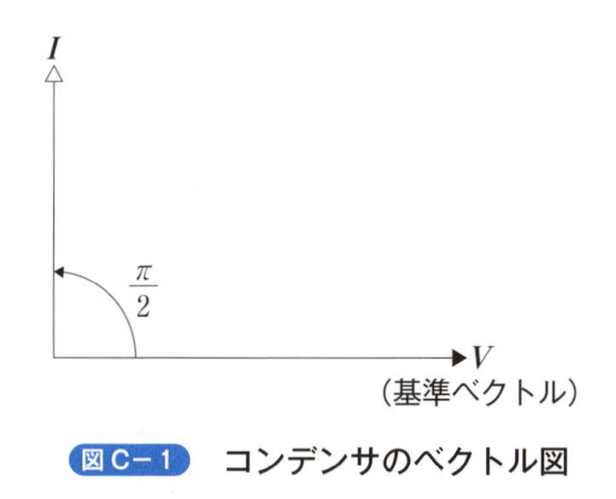

図C－1　コンデンサのベクトル図

次に、交流電圧をコイルに加えると、電流 $\boldsymbol{I}$ は電圧 $\boldsymbol{V}$ より位相が $\frac{\pi}{2}\,[rad]$（ま

たは90°）遅れます。電流は$I=I_m \sin\left(\omega t-\frac{\pi}{2}\right)$のように表します。これをベクトル図で表すと図C－2のようになります。電流Iは電圧Vを基準にして時計方向に$\frac{\pi}{2}$ [rad] 回転させたベクトルになります。

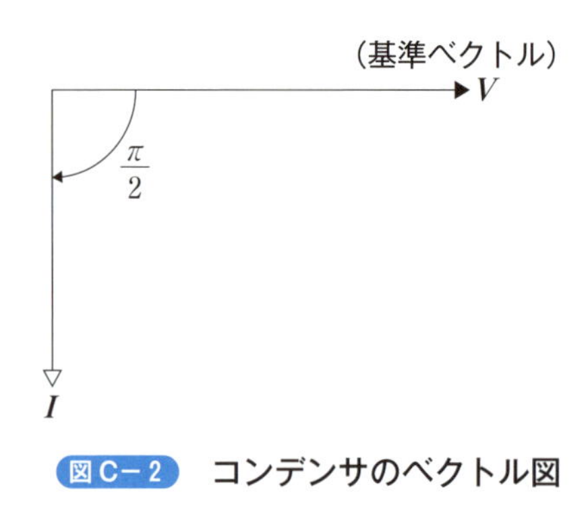

図C－2　コンデンサのベクトル図

上記の交流電圧をコンデンサとコイルに加えたときのベクトルをまとめると表C－1のように表すことができます。

表C－1　交流のベクトルのまとめ

文字記号	V、Iなど
図記号	矢印（→　←　↓　↑など）
矢印の大きさ	相対的な寸法
基準のベクトル	横方向にとる（交流の場合のみ）
位相が進む	基準に対して反時計方向
位相が遅れる	基準に対して時計方向

付録D　電磁気に必要な数学の基礎知識

スカラーとベクトル、ベクトルの内積と外積、ベクトルと微分、これを拡張した演算である発散、勾配、回転について、さらにベクトルと積分、ガウスの定理とストークスの定理の関係について説明します。

D－1　ベクトル

大きさだけの量をスカラーと呼び、大きさと方向を持つものをベクトルと呼びます。ベクトルを記号で表すときは、$\vec{A}$、$\dot{A}$ あるいは簡単に太文字の $\boldsymbol{A}$、$\boldsymbol{B}$ などで表します。

$\boldsymbol{A}$、$\boldsymbol{B}$ の大きさを $|\boldsymbol{A}|$、$|\boldsymbol{B}|$ または単に A、B とも表します。本書では太文字でベクトルを表し、太字でない場合はスカラーを表しています。

ベクトルは平行移動しても同じベクトルであるため、$\boldsymbol{A}$ の始点を座標の原点においたとき、終点の座標 (A_x, A_y, A_z) でベクトルを表すことができます。

（1）単位ベクトル

長さが１のベクトルを単位ベクトルと呼びます。

x, y, z 軸方向の単位ベクトルを次式のようにおきます。

$$\boldsymbol{i}=(1, 0, 0), \boldsymbol{j}=(0, 1, 0), \boldsymbol{k}=(0, 0, 1)$$

任意のベクトル $\boldsymbol{r}=(x, y, z)$ の方向の単位ベクトルは次式のように表されます。これは $\boldsymbol{r}$ 方向のベクトルを長さ r で割ると、長さ１の $\boldsymbol{r}$ 方向の単位ベクトルになるためです。

$$\frac{\boldsymbol{r}}{|\boldsymbol{r}|}=\frac{\boldsymbol{r}}{r}=\frac{1}{\sqrt{r_{x^2}+r_{y^2}+r_{z^2}}}(x, y, z)$$

たとえば、$\boldsymbol{r}=(2, -1, 4)$ と同じ方向の単位ベクトルは

$$|\boldsymbol{r}|=\sqrt{2^2+(-1)^2+4^2}=\sqrt{21} \text{ より}$$

$$\frac{\boldsymbol{r}}{|\boldsymbol{r}|}=\left(\frac{2}{\sqrt{21}}, -\frac{1}{\sqrt{21}}, \frac{4}{\sqrt{21}}\right)$$

となります。

（2）ベクトルの和と差

ベクトルの和と差の関係を図D－１に示します。

$$\boldsymbol{A}=A_x\cdot\boldsymbol{i}+A_y\cdot\boldsymbol{j}+A_z\cdot\boldsymbol{k}=(A_x, A_y, A_z),\ \boldsymbol{B}=B_x\cdot\boldsymbol{i}+B_y\cdot\boldsymbol{j}+B_z\cdot\boldsymbol{k}=(B_x, B_y, B_z)$$

とすると、

$$\boldsymbol{A}+\boldsymbol{B}=\boldsymbol{i}(A_x+B_x)+\boldsymbol{j}(A_y+B_y)+\boldsymbol{k}(A_z+B_z)=(A_x+B_x, A_y+B_y, A_z+B_z)$$

$$\boldsymbol{A}-\boldsymbol{B}=\boldsymbol{i}(A_x-B_x)+\boldsymbol{j}(A_y-B_y)+\boldsymbol{k}(A_z-B_z)=(A_x-B_x, A_y-B_y, A_z-B_z)$$

となります。

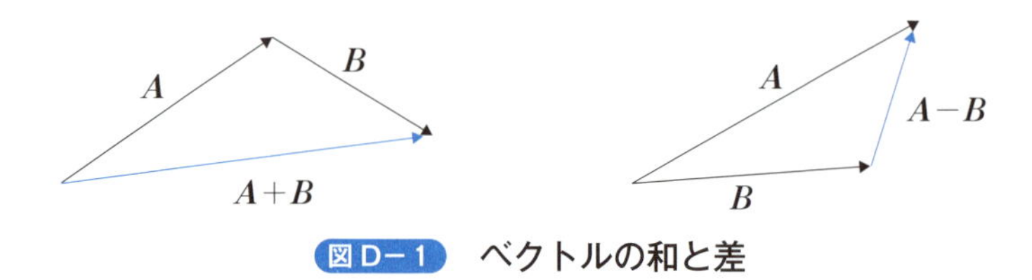

図D−1　ベクトルの和と差

（3）スカラー積（内積）

$\boldsymbol{A}$、$\boldsymbol{B}$の内積$\boldsymbol{A}\cdot\boldsymbol{B}$の大きさを$AB\cos\theta$と定義します（図D−2）。

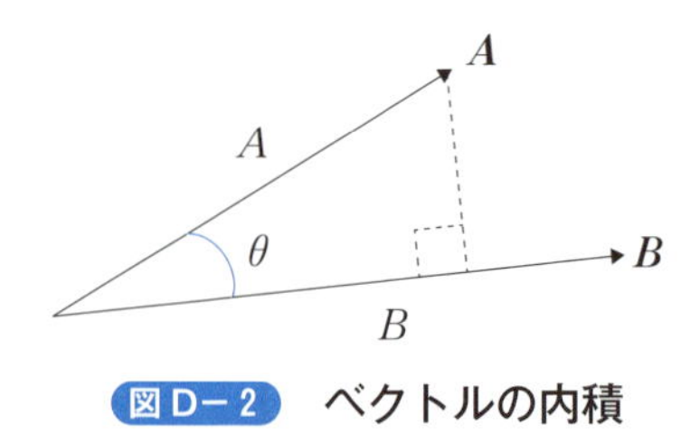

図D−2　ベクトルの内積

$$\boldsymbol{A}\cdot\boldsymbol{B}=\boldsymbol{AB}=A_xB_x+A_yB_y+A_zB_z=AB\cos\theta$$

スカラーの積はかけ算“×”の表記ですが、内積は“・”で表します。

ベクトルの積であることが明確な場合、内積を表す“・”を省略する場合があります。

［単位ベクトルの内積］

平行な単位ベクトル　$\boldsymbol{i}\cdot\boldsymbol{i}=\boldsymbol{j}\cdot\boldsymbol{j}=\boldsymbol{k}\cdot\boldsymbol{k}=1$

直行する単位ベクトル　$\boldsymbol{i}\cdot\boldsymbol{j}=\boldsymbol{j}\cdot\boldsymbol{i}=\boldsymbol{i}\cdot\boldsymbol{k}=\boldsymbol{k}\cdot\boldsymbol{i}=\boldsymbol{j}\cdot\boldsymbol{k}=\boldsymbol{k}\cdot\boldsymbol{j}=0$

（4）ベクトル積（外積）

AとBの外積を$A\times B$と書き、その向きはA、Bの向きの順に回転したとき、右ねじが進む方向に外積の向きを定義します（図D−3）。したがって$\boldsymbol{A}$にも$\boldsymbol{B}$にも垂直になります。大きさは$\boldsymbol{A}$、$\boldsymbol{B}$の2辺が作る平行四辺形の面積$AB\sin\theta$になります。

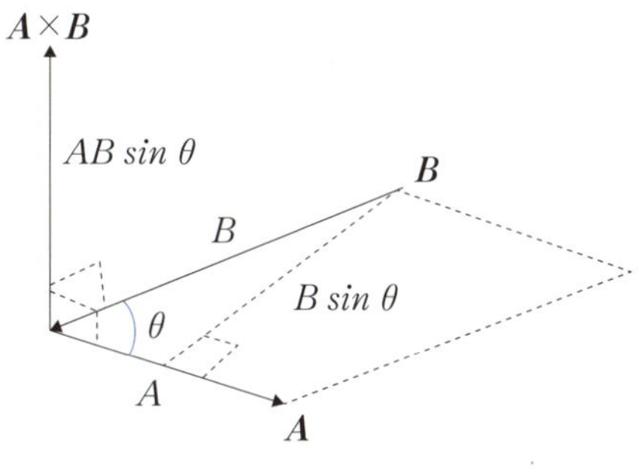

図D－3　外積の大きさと向き

[外積の演算]

交換の法則　$\boldsymbol{A}\times\boldsymbol{B}=-\boldsymbol{B}\times\boldsymbol{A}$

分配の法則　$\boldsymbol{A}\times(\boldsymbol{B}+\boldsymbol{C})=\boldsymbol{A}\times\boldsymbol{B}+\boldsymbol{A}\times\boldsymbol{C}$

結合の法則※注　$a(\boldsymbol{A}\times\boldsymbol{B})=(a\boldsymbol{A})\times\boldsymbol{B}=\boldsymbol{A}\times(a\boldsymbol{B})$

$$(\boldsymbol{A}\times\boldsymbol{B})\times\boldsymbol{C}=(\boldsymbol{A}\cdot\boldsymbol{C})\boldsymbol{B}-(\boldsymbol{B}\cdot\boldsymbol{C})\boldsymbol{A}$$

$$\boldsymbol{A}\times(\boldsymbol{B}\times\boldsymbol{C})=(\boldsymbol{C}\cdot\boldsymbol{A})\boldsymbol{B}-(\boldsymbol{B}\cdot\boldsymbol{A})\boldsymbol{C}$$

[単位ベクトルと外積]

平行な単位ベクトル　$\boldsymbol{i}\times\boldsymbol{i}=\boldsymbol{j}\times\boldsymbol{j}=\boldsymbol{k}\times\boldsymbol{k}=0$

直行する単位ベクトル　$\boldsymbol{i}\times\boldsymbol{j}=\boldsymbol{k},\ \boldsymbol{j}\times\boldsymbol{k}=\boldsymbol{i},\ \boldsymbol{k}\times\boldsymbol{i}=\boldsymbol{j}$

$$\boldsymbol{j}\times\boldsymbol{i}=-\boldsymbol{k},\ \boldsymbol{k}\times\boldsymbol{j}=-\boldsymbol{i},\ \boldsymbol{i}\times\boldsymbol{k}=-\boldsymbol{j}$$

[外積の成分表示]

$$\boldsymbol{A}\times\boldsymbol{B}=\begin{vmatrix}\boldsymbol{i} & \boldsymbol{j} & \boldsymbol{k}\\ A_x & A_x & A_x\\ B_x & B_x & B_x\end{vmatrix}=\boldsymbol{i}(A_yB_z-A_zB_y)+\boldsymbol{j}(A_zB_x-A_xB_z)+\boldsymbol{k}(A_xB_y-A_yB_x)$$

$$=(A_yB_z-A_zB_y,\ A_zB_x-A_xB_z,\ A_xB_y-A_yB_x)$$

[大きさ]

$$|\boldsymbol{A}\times\boldsymbol{B}|=AB\sin\theta$$

D－2　微分

常微分とは、1変数関数 $f(x)$ の微分を常微分または単に微分と呼びます。

※注：a はスカラー。

$$\frac{d}{dx}f(x)=\lim_{dx\to 0}\frac{f(x+dx)-f(x)}{dx}$$

偏微分とは、多変数関数 $f(x, y, z)$ の１つの変数についての微分で、他の変数は定数と扱います。∂ はラウンドディーあるいはラウンドデルタ、またはデルと読みます。

$$\frac{\partial}{\partial x}f(x, y, z)=\lim_{dx\to 0}\frac{f(x+dx, y, z)-f(x, y, z)}{dx}$$

$$\frac{\partial}{\partial y}f(x, y, z)=\lim_{dy\to 0}\frac{f(x, y+dy, z)-f(x, y, z)}{dy}$$

$$\frac{\partial}{\partial z}f(x, y, z)=\lim_{dz\to 0}\frac{f(x, y, z+dz)-f(x, y, z)}{dz}$$

D－3　ベクトルと微分

x、y、z の３軸方向の偏微分演算子を成分とするベクトルをナブラと呼び、以下の記号で表します。

$$\nabla\equiv\left(\frac{\partial}{\partial x}, \frac{\partial}{\partial y}, \frac{\partial}{\partial y}\right)$$

（１）発散　ダイバージェント（*divergent*）

発散は、ナブラと任意のベクトルとの内積です。発散はベクトルの３軸方向の微分の和を表しているので、その点におけるベクトルの増加率、すなわち湧き出し量を与えます。

$$\nabla\cdot\boldsymbol{A}=div\,\boldsymbol{A}=\frac{\partial A_x}{\partial x}+\frac{\partial A_y}{\partial y}+\frac{\partial A_z}{\partial z}$$

（ベクトル $\boldsymbol{A}$）　（スカラー）

（２）勾配　グラディエント（*gradient*）

(x, y, z) 点における $\Phi(x, y, z)$ の勾配は次式で与えられます。

$$\nabla\Phi=grad\,\Phi=\left(\frac{\partial\Phi}{\partial x}, \frac{\partial\Phi}{\partial y}, \frac{\partial\Phi}{\partial z}\right)$$

（スカラー Φ）　（ベクトル）

（３）回転　ローテイション（*rotation*）、カール（*curl*）

(x, y, z) 点における $\boldsymbol{A}$ の回転は次式で与えられます。

$$\nabla \times \boldsymbol{A} = rot\ \boldsymbol{A} = \left(\frac{\partial A_z}{\partial y} - \frac{\partial A_y}{\partial z}, \frac{\partial A_x}{\partial z} - \frac{\partial A_z}{\partial x}, \frac{\partial A_y}{\partial x} - \frac{\partial A_x}{\partial y}\right)$$

（ベクトル）　　　　　　　　（ベクトル）

（4）ラプラシアン

$$\nabla^2 = \nabla \cdot \nabla = \left(\frac{\partial}{\partial x}, \frac{\partial}{\partial y}, \frac{\partial}{\partial z}\right) \cdot \left(\frac{\partial}{\partial x}, \frac{\partial}{\partial y}, \frac{\partial}{\partial z}\right) = \frac{\partial^2}{\partial x^2} + \frac{\partial^2}{\partial y^2} + \frac{\partial^2}{\partial z^2}$$

$$= div \cdot grad$$

ラプラシアンを使用した方程式として次の2つの式があります。

・ラプラス（*Laplace*）方程式　　$\nabla^2 \Phi = 0$

・ポアソン（*Poisson*）方程式　　$\nabla^2 \Phi = c$

（5）便利な関係

(a) $\nabla \frac{1}{r} = -\frac{\boldsymbol{r}}{r^3}$

$\boldsymbol{r} = (x, y, z)$ とするとき x 成分について

$$\frac{\partial}{\partial x} \frac{1}{r} = \frac{\partial}{\partial x} (x^2 + y^2 + z^2)^{-\frac{1}{2}} = -\frac{1}{2} (x^2 + y^2 + z^2)^{-\frac{3}{2}} 2x = -\frac{x}{r^3}$$

となります。y、z 成分についても同様です。したがって、次式のようになります。

$$\left(\frac{\partial}{\partial x}, \frac{\partial}{\partial y}, \frac{\partial}{\partial z}\right) \frac{1}{r} = -\frac{1}{r^3} (x, y, z) = -\frac{\boldsymbol{r}}{r^3}$$

(b) $\nabla \times (\nabla \Phi) = 0,\ rot\ grad\ \Phi = 0$

$\frac{\partial^2 \Phi}{\partial y \partial z} = \frac{\partial^2 \Phi}{\partial z \partial y}, \frac{\partial^2 \Phi}{\partial z \partial x} = \frac{\partial^2 \Phi}{\partial x \partial z}, \frac{\partial^2 \Phi}{\partial x \partial y} = \frac{\partial^2 \Phi}{\partial y \partial x}$ が成り立つので

$$\left(\frac{\partial}{\partial x}, \frac{\partial}{\partial y}, \frac{\partial}{\partial z}\right) \times \left(\frac{\partial \Phi}{\partial x}, \frac{\partial \Phi}{\partial y}, \frac{\partial \Phi}{\partial z}\right)$$

$$= \left(\frac{\partial^2 \Phi}{\partial y \partial z} - \frac{\partial^2 \Phi}{\partial z \partial y}, \frac{\partial^2 \Phi}{\partial z \partial x} - \frac{\partial^2 \Phi}{\partial x \partial z}, \frac{\partial^2 \Phi}{\partial x \partial y} - \frac{\partial^2 \Phi}{\partial y \partial x}\right)$$

$$= (0, 0, 0)$$

となります。

(c) $\nabla (\Phi \boldsymbol{A}) = \boldsymbol{A} \cdot \nabla \Phi + \Phi \nabla \cdot \boldsymbol{A},\ div(\Phi \boldsymbol{A}) = \boldsymbol{A} \cdot grad\ \Phi + \Phi\ div\ \boldsymbol{A}$

$\phi(x, y, z)$ と $\boldsymbol{A} = (Ax, Ay, Az)$ は独立なので、通常の微分と同じように扱いま

す。

(d)　$\nabla\times(\Phi\boldsymbol{A})=\nabla\Phi\times\boldsymbol{A}+\Phi\nabla\times\boldsymbol{A},\ rot(\Phi\boldsymbol{A})=grad\ \Phi\times\boldsymbol{A}+\Phi\ rot\ \boldsymbol{A}$

成分に分けると証明できます。

(e)　$\nabla\cdot(\nabla\times\boldsymbol{A})=0$、$div\ rot\ \boldsymbol{A}=0$

$\boldsymbol{A}=(A_x, A_y, A_z)$ として

$$\nabla\cdot(\nabla\times\boldsymbol{A})=\left(\frac{\partial}{\partial x},\frac{\partial}{\partial y},\frac{\partial}{\partial z}\right)\cdot\left(\frac{\partial A_y}{\partial z}-\frac{\partial A_z}{\partial y},\frac{\partial A_z}{\partial x}-\frac{\partial A_x}{\partial z},\frac{\partial A_x}{\partial y}-\frac{\partial A_y}{\partial x}\right)$$

$$=\frac{\partial^2 A_y}{\partial x\partial z}-\frac{\partial^2 A_z}{\partial x\partial y}+\frac{\partial^2 A_z}{\partial y\partial x}-\frac{\partial^2 A_x}{\partial y\partial z}+\frac{\partial^2 A_x}{\partial z\partial y}-\frac{\partial^2 A_y}{\partial z\partial x}=0$$

(f)　$\boldsymbol{A}\cdot(\boldsymbol{B}\times\boldsymbol{C})=\boldsymbol{B}\cdot(\boldsymbol{C}\times\boldsymbol{A})=\boldsymbol{C}\cdot(\boldsymbol{A}\times\boldsymbol{B})$　スカラー3重積

$\boldsymbol{B}\times\boldsymbol{C}$ の大きさが $\boldsymbol{B}$ と $\boldsymbol{C}$ を辺とする平行四辺形の底面の面積で、$\boldsymbol{A}$ との内積で底面からの高さを掛けることになり、$\boldsymbol{A}, \boldsymbol{B}, \boldsymbol{C}$ が張る平行6面体の体積を表します。

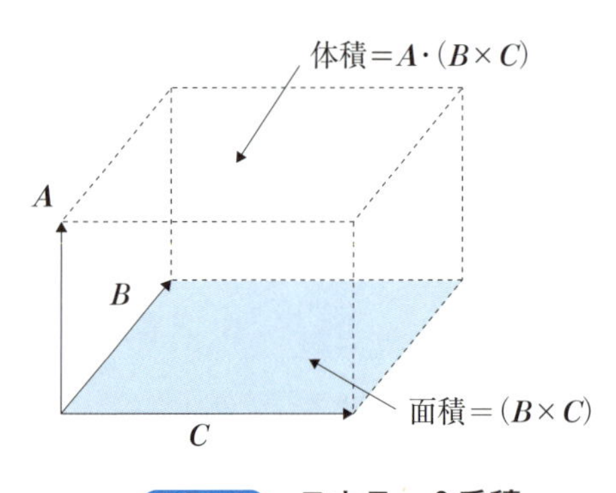

図D－4　スカラー3重積

D－4　ベクトルと積分

S を任意の閉曲面，$d\boldsymbol{S}$ を S 上の微小領域の面積で向きは垂直外向き（法線方向）のベクトル、V を S で囲まれる領域とします。また、l を曲面 S の周、$d\boldsymbol{l}$ を l 上の微小長さで向きは S を左側に見る向きを正とします。

（1）ガウスの定理（面積分と体積積分の変換）

$$\int \boldsymbol{A}\cdot d\boldsymbol{S}=\int \nabla \boldsymbol{A} dV \text{ または } \int \boldsymbol{A}\cdot d\boldsymbol{S}=\int div\, \boldsymbol{A} dV$$

発散定理とも呼びます。$\int d\boldsymbol{S}$は面積分を表し、$\iint d\boldsymbol{S}$とも書きます。積分要素$d\boldsymbol{S}$は、大きさは$dS=dxdy$となり、これの向きは微小領域の周を右回りに廻ったときねじの進む方向が正の向きのベクトルとします。また、$\int dV$は体積積分を表し、$\iiint dV$とも書きます。積分要素dVは$dV=dxdydz$を表しています。

［意味］

$\boldsymbol{A}d\boldsymbol{S}$は内積で、表面に垂直方向の$A$の成分を表しています。$dS$平面に垂直な単位ベクトルを$\boldsymbol{n}$とすれば$\boldsymbol{A}\cdot d\boldsymbol{S}=\boldsymbol{A}\cdot\boldsymbol{n}\, dS$と表されます。これを閉曲面全体で足し合わせると閉曲面の表面から出ていく$\boldsymbol{A}$の総量になります。$\nabla\cdot\boldsymbol{A}$は発散で、$\boldsymbol{A}$の$x, y, z$方向の増加度の和を表し、これを閉曲面内の全体積について足し合わせると閉曲面体内の$\boldsymbol{A}$の増加度を表しており、湧き出し量と呼ばれます。したがって、ガウスの発散定理は、**体積内の湧き出し量は，表面から垂直方向に出る放射量に等しい**という、ごく自然な内容を表しており、磁力線や水流などの保存則と同じ意味となります。

（2）ストークス（*Stokes*）の定理（線積分と面積分の変換）

$$\int \boldsymbol{A}\, d\boldsymbol{l}=\int(\nabla\times\boldsymbol{A})\cdot d\boldsymbol{S} \quad \text{または} \quad \int \boldsymbol{A}\cdot d\boldsymbol{l}=\int rot\, \boldsymbol{A}\cdot d\boldsymbol{S}$$

$\int \boldsymbol{A}\cdot d\boldsymbol{l}$は閉曲線$l$に沿う線積分を表し、$\boldsymbol{A}$と周方向の線要素$dl$との内積の和です。内積を表すドット“・”を省略して、単に$\int \boldsymbol{A}d\boldsymbol{l}$と記述する場合もあります。$l$が閉曲線であることを強調するために積分に$\oint$記号を使う場合もあります。$d\boldsymbol{l}$の方向は、微小領域$dS$の周で右ねじを回す方向を正にとります。$\int d\boldsymbol{S}$は面積分を表し、積分要素$d\boldsymbol{S}$は大きさが面積$dS$で、向きは周を廻って右ねじの進む方向のベクトルを正とします。面dSの法線方向の単位ベクトルを$\boldsymbol{n}$とすれば、$\int rot\, \boldsymbol{A}\cdot d\boldsymbol{S}=\int rot\, \boldsymbol{A}\cdot\boldsymbol{n}\, dS$と表わすことができます。

［意味］

「領域の$\boldsymbol{A}$の周成分の線積分＝$\boldsymbol{A}$の回転の面積分」

$\boldsymbol{A}$の回転$rot\, \boldsymbol{A}$と微小面積素片のベクトル$d\boldsymbol{S}$との内積$rot\, \boldsymbol{A}\cdot d\boldsymbol{S}$は、$dS$における$\boldsymbol{A}$の回転成分になります（図D－5）。$d\boldsymbol{S}$の向きは周の辺を右ねじに回したとき進む向きが正です。そして面積分によって微小な周成分が隣り合うと、図D－6のように、外側の周の成分$\Sigma\boldsymbol{A}\cdot d\boldsymbol{l}$しか残らなくなります。したがって、ストークスの定理は、ある物理量の領域の周積分はその物理量の面内の回転の和に等しいことを表しています。

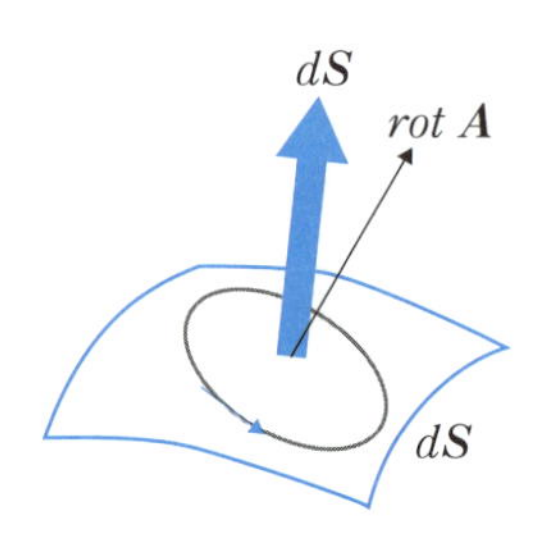

図D－5　面積素片 dS

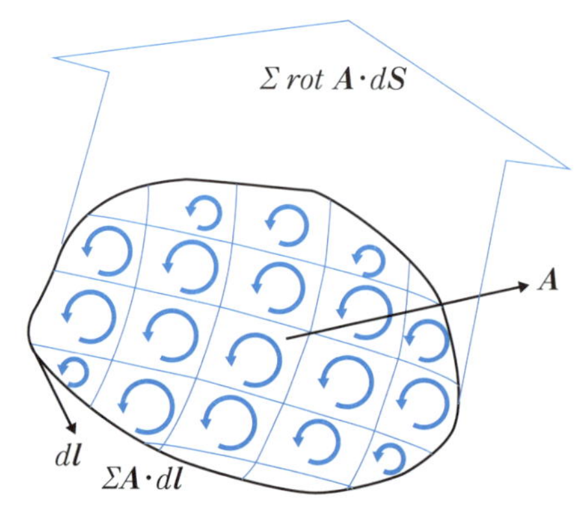

図D－6　微小領域の回転の和（面積積分）＝周成分の和（線積分）

付録E 電磁気の法則

（1）静電場におけるガウスの法則

任意の閉曲面 S を貫く電気力線の総本数は、その内部の電荷 $q\ [C]$ を ε_0 で割ったものに等しい。

$$\int \boldsymbol{E}\, d\boldsymbol{S} = \frac{q}{\varepsilon_0}$$

ただし、閉曲面上の微小面積のベクトル $d\boldsymbol{S}$ の向きは面に垂直方向で、ε_0 は真空中の誘電率を表す。

［一口解説］

ガウスの法則は次の静電場の項目を前提にしています。

- 2つの電荷には力が働き、一方を単位電荷としたときに働く力を電場 $E[N/C]$ と呼ぶ
- 電気力線は電場のベクトルを連ねたもの
- 電場の大きさは単位面積当たりの電気力線の数で表す

電気力線の総数を求めるため、もっとも単純な半径 $r\ [m]$ の閉曲面である球を考えると、球面上では電気力線は常に表面と垂直であり、その大きさは等しく $\boldsymbol{E}\, d\boldsymbol{S} = E\, dS$ となるので、次式となります。

$$\int \boldsymbol{E}\, d\boldsymbol{S} = E \int dS = E 4\pi r^2 = \frac{q}{\varepsilon_0} \quad [N \cdot m^2/C] = [V \cdot m]$$

したがって、電場の大きさは r^2 に反比例します。

$$E = \frac{1}{4\pi\varepsilon_0} \frac{q}{r^2} \quad [N/C] = [V/m]$$

電場 E 中に電荷 $q_1\ [C]$ があれば電荷間に働く力 $f\ [N]$ は

$$f = E \cdot q_1 = \frac{1}{4\pi\varepsilon_0} \frac{q q_1}{r^2} \quad [N]$$

のクーロンの法則が成り立ちます。このガウスの法則はそのままマクスウェルの方程式の1つとなっています。

（2）静磁場におけるガウスの法則

静磁場においても磁荷 $m\ [Wb]$ の周りの磁力線を考え、単位面積当たりの磁力線の数で磁場 $H\ [N/Wb]$ を表します。

磁気に関するクーロンの法則として

$$f=\frac{1}{4\pi\mu_0}\frac{mm_s}{r^2}\quad[N]$$

が成り立つことが示されているので、磁場は

$$H=\frac{f}{m_S}=\frac{1}{4\pi\mu_0}\frac{m}{r^2}\quad[N/Wb]\equiv[A/m]$$

と表されます。しかしながら**磁荷は±の対になっているので、面積分で閉曲面内の磁荷を総和すると0になる**ことから、静磁場におけるガウスの法則は

$$\int \boldsymbol{H}\,d\boldsymbol{S}=0\quad[N\cdot m^2/Wb]\equiv[A\cdot m]$$

と表されます。この式もマクスウェルの方程式の１つになります。

（3）ビオ・サバールの法則

電流が流れている導線の $d\boldsymbol{l}$ の長さ部分は、それから距離 $\boldsymbol{r}$ 離れた場所に次の磁場 $d\boldsymbol{H}$ をつくる。

$$d\boldsymbol{H}=\frac{1}{4\pi}\frac{Id\boldsymbol{l}\times\boldsymbol{r}}{r^3}$$

［一口解説］

この法則は、ジャン・バティスト・ビオとフェリックス・サバールの発見した法則です。図E－1のように、電流素片 Idl が r 離れた P 点に作る電場の大きさは

$$dH=\frac{I\,dl\sin\theta}{4\pi r^2}$$

となります。

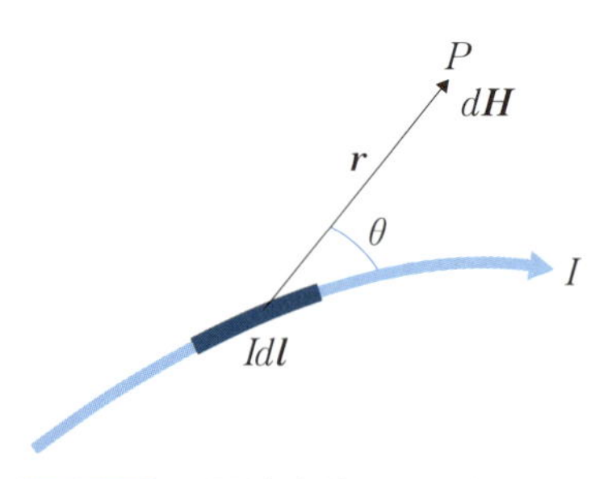

図E－1　電流素片 Idl の作る磁場

（4）アンペールの法則

閉じた経路にそって磁場の大きさを足し合わせると、その和は閉じた経路を貫

く電流の和に比例する。

電流密度 $\boldsymbol{J}\,[A/m^2]$ を用いた表現では

$$\int \boldsymbol{H}\cdot dl = \int \boldsymbol{J}\cdot dS$$

と表されます。

［一口解説］

ビオ・サバールの法則とアンペールの法則は互いに等価で、一方から他方を導くことができます。線積分をストークスの定理で面積分に変換すると

$$\int \boldsymbol{H}\cdot dl = \int \nabla \times \boldsymbol{H}\cdot dS = \int \boldsymbol{J}\cdot dS$$

と表現されます。

面積分の等式から得られる $rot\ \boldsymbol{H} = \boldsymbol{J}$ はマクスウェルの方程式の一部です。

（5）拡張したアンペールの法則

マクスウェル・アンペールの法則とも呼ばれ、アンペールの法則に電束密度の時間変化 $\partial \boldsymbol{D}/\partial t\ [C/(m^2\cdot s)]$ を追加しています。電束密度の時間変化は変位電流密度と呼びます。

$$\int \boldsymbol{H}\cdot dl = \int \left(\boldsymbol{J} + \frac{\partial \boldsymbol{D}}{\partial t} \right)\cdot dS$$

ストークスの定理を適用して得られる $rot\ \boldsymbol{H} = \boldsymbol{J} + \partial \boldsymbol{D}/\partial t$ は微分形式のマクスウェルの方程式の1部です。

（6）レンツの法則

誘導電流の向きは。その電流の作る磁場が回路を貫く磁束の変化を打ち消す向きに流れる。

［一口解説］

レンツの法則が成り立たないと無限にエネルギーを生産できてしまうことから、レンツの法則はエネルギー保存則と同じ内容を表しています。

（7）ファラデーの電磁誘導の法則

回路を貫く磁束 $\Phi\,[Wb]$ が変化すると、回路に誘導起電力 $e\,[V]$ が発生する。

$$e = -\frac{\partial \Phi}{\partial t} \quad [V]$$

［一口解説］

負号はレンツの法則を表しています。磁束 $\Phi\,[Wb]$ は磁束密度 $B\,[Wb/m^2]$ と

微小面積ベクトル $\boldsymbol{dS}$ との内積を足し合わせたもので

$$\Phi=\int \boldsymbol{B}\, d\boldsymbol{S}$$

で表されます。誘導電圧はコイルに発生した誘導電場 $\boldsymbol{E}$ によるので、$\boldsymbol{E}$ と $\boldsymbol{dl}$ の内積の積分

$$e=\int \boldsymbol{E}\, d\boldsymbol{l}$$

と表されます。これらからファラデーの電磁誘導の法則は次の積分で表されます。」

$$\int \boldsymbol{E}\, d\boldsymbol{l}=-\frac{\partial}{\partial t}\int \boldsymbol{B}\, d\boldsymbol{S}$$

（8）ローレンツ力

磁束密度 $\boldsymbol{B}$ [Wb/m^2] 中にある電荷 q [C] が、速度 $\boldsymbol{v}$ [m/s] で動いているとき、電荷には

$$\boldsymbol{F}=q\boldsymbol{v}\times\boldsymbol{B} \quad [N]$$

の力が働く。

［一口解説］

ファラデーの電磁誘導の法則からローレンツ力が求められますが、逆を導くこともできます。

電荷 q [C] が長さ dl [m] の微小導線の中に存在していると考えます。この微小導線が dt [s] の間に速度 $\boldsymbol{v}$ [m/s] で動くとすると、その移動距離は vdt [m] になります。B [Wb/m^2] 中で dt [s] の間に微小導線が得る電束の変化は、$\boldsymbol{v}dt\times d\boldsymbol{l}$ の大きさが微小導線の移動面積 $vdtdl\ sin\ \theta$ となることから

$$d\Phi=\int(\boldsymbol{v}dt\times d\boldsymbol{l})\boldsymbol{B}=dt\int(\boldsymbol{v}\times d\boldsymbol{l})\boldsymbol{B}=dt\int(\boldsymbol{B}\times\boldsymbol{v})d\boldsymbol{l}=-dt\int(\boldsymbol{v}\times\boldsymbol{B})d\boldsymbol{l} \tag{17}$$

となります。ここで、スカラー3重積の関係※注

$$\boldsymbol{A}\cdot(\boldsymbol{B}\times\boldsymbol{C})=\boldsymbol{B}\cdot(\boldsymbol{C}\times\boldsymbol{A})=\boldsymbol{C}\cdot(\boldsymbol{A}\times\boldsymbol{B})$$

を使っています。

したがって、誘導起電力を e [V] とすると

$$\frac{d\Phi}{dt}=-\int(\boldsymbol{v}\times\boldsymbol{B})d\boldsymbol{l}=-e \quad [V]$$

※注：付録D－3（f）を参照。

となります。この電位は，微小導線に発生した電場 $\boldsymbol{E}\,[V/m]$ で表されます。

$$e=\int \boldsymbol{E}\,dl$$

したがって、電荷 $q\,[C]$ に働く力 $\boldsymbol{f}\,[N]$ は

$$\boldsymbol{f}=q\boldsymbol{E}=q\boldsymbol{v}\times\boldsymbol{B}\quad[N]$$

となります。

これはフレミングの右手の法則の向きに一致しています（図E－2）。微小導線を電流源と見れば、電源内部では誘導起電力の向きに電流が流れるので、微小導線の先に正極があるとみなします。

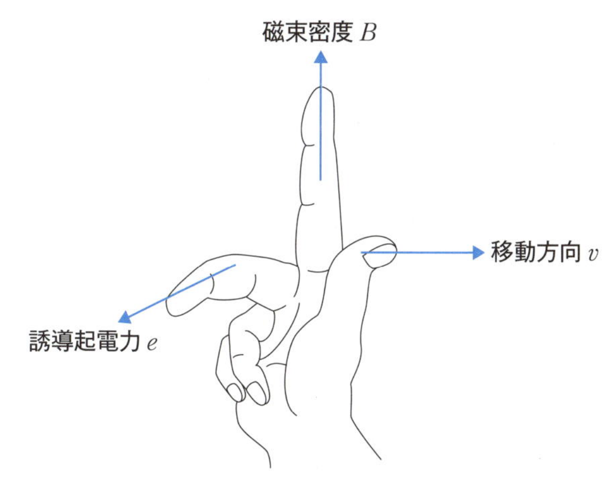

図E－2　フレミングの右手の法則

一方、電荷が移動すると電流になるので、ローレンツ力は，磁場中の電流が受ける力を表しています。電荷を $q\,[C]$，電流を $I\,[A]$、電荷の数密度を $n\,[1/m^3]$、速度を $\boldsymbol{v}\,[m/s]$、導線の断面積を $a\,[m^2]$ とすると、電流ベクトル $\boldsymbol{I}=q\boldsymbol{v}na$ ※注を考えることができます。

したがって、ローレンツ力は

$$\boldsymbol{f}\cdot na=qna\,\boldsymbol{v}\times\boldsymbol{B}=\boldsymbol{I}\times\boldsymbol{B}$$

となります。

ここで、$n\cdot a\,[1/m]$ を $1/$(導線部の長さ l）とすると

$$\boldsymbol{f}=l\boldsymbol{I}\times\boldsymbol{B}\quad[N]$$

※注：第1章の図1－1を参照。

となり、電流 I [A] が流れる長さ l [m] の電流素片の受ける力が求められます。この力の向きは**フレミングの左手の法則**の向きに一致しています（図E－3）。

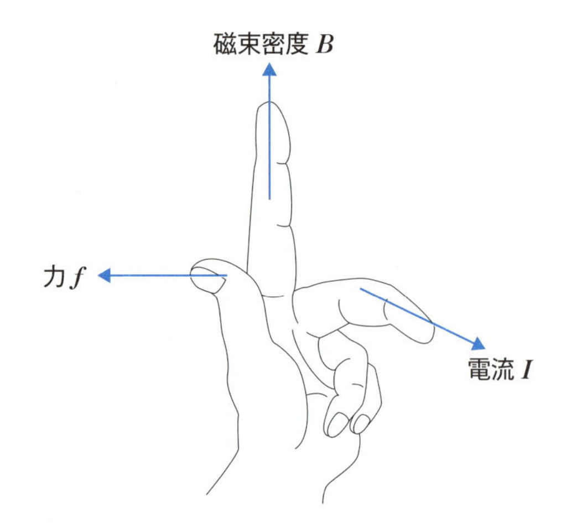

図E－3　フレミングの左手の法則

付録F　電磁波

電磁波（*electromagnetic wave*）とは、電気と磁気の両方の性質をもつ“波”のことをいいます。すなわち、電界と磁界が互いに影響しあい交互に発生しながら波のように伝播していく現象をいいます（図F－1）。

電磁波は一般に周波数（1秒間の波の数）で表されます。周波数の高い順に、*X*線やガンマ線などの放射線、紫外線、可視光線、赤外線、テレビやラジオ、パソコンや携帯電話で用いる電波となります。特に、電子レンジや携帯電話で用いる電磁波はマイクロ波と呼ばれています。また、高圧送電線や電力設備から発生している電磁波は周波数の低い電波という意味で低周波と呼ばれています。低周波の中で、電力設備から発生する超低周波の電磁波のうち磁界の作用による健康被害が議論されています。

電磁波の波長と周波数による分類を表F－1に示します。

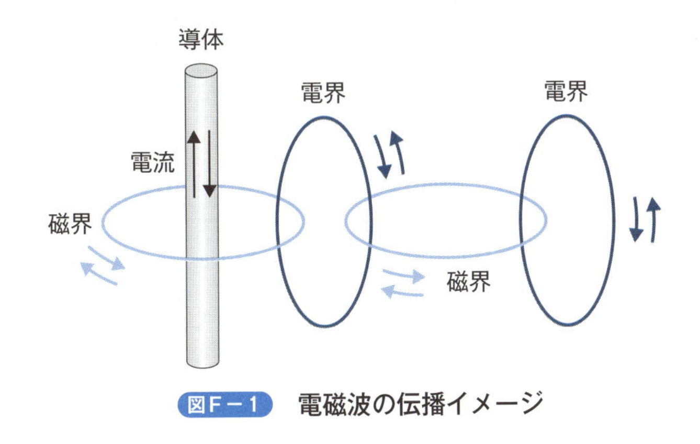

図F－1　電磁波の伝播イメージ

表F－1　電磁波の分類

波長	周波数	名称		特性・用途
1km	300kHz	長波	電波	船舶通信
100m	3MHz	中波	電波	AMラジオ放送
10m	30MHz	短波	電波	FMラジオ放送（アナログ TV 放送）
1m	300MHz	超短波	電波	地上デジタル放送
10cm	3GHz	極超短波	電波	衛星放送・電子レンジ・携帯電話
1cm	30GHz	マイクロ波	電波	レーダー
1mm	300GHz	ミリ波	電波	電波天文学
		サブミリ波	電波	
10μm	3THz	遠赤外	赤外線	ヒーター
		中間赤外	赤外線	サーモグラフィ
1μm	30THz	近赤外	赤外線	赤外線リモコン
700nm	400THz	赤	可視光	←赤
		緑	可視光	←緑
360nm	800THz	青紫	可視光	←青紫
100nm	$3\times10^{15}Hz$	近紫外	紫外線	日焼け・殺菌・半導体製造
10nm	$3\times10^{16}Hz$	衛星紫外	紫外線	
		X線	放射線	レントゲン写真
			放射線	PET 診断
10pm	$3\times10^{19}Hz$～	ガンマ線	放射線	

電磁波の一般的な性質として、下記のことが挙げられます。

◇電磁波の波長は周波数に反比例する。

波長をλ [m]、光速をc (＝ $3\times10^8 m/s$)、周波数をf [Hz] とすると、$\lambda=\frac{c}{f}$の関係が成り立ちます。光速度は一定なので、波長λは周波数fに反比例します。

◇一般に物質中の伝播速度は真空中の光速度より減少する。
真空中おける光速は約30万 km/s（＝ $3\times10^8 m/s$）ですが、水中では約20万 km/sになります。

◇回析現象がある。

回析現象とは、光や音が障害物で遮断されたときにその背後に回り込む現象をいいます。ホイヘンスの原理に基づいています。この現象は、波の波長が大きいほど顕著に現れます。波長が小さい場合は回り込みの度合いが小さくなります。

◇周波数が高いほど直進性が強い。

電磁波は周波数が高くなるほど直進性が強くなる性質があります。例えば、ラジオ（1～100 [MHz]）の電波は山の陰に回り込むので普通に聞くことができますが、テレビ（約1 [GHz]）の電波は山にさえぎられてテレビに映らないことがあります。

マクスウェル[※注1]は、マクスウェル方程式[※注2]の偏微分方程式を組み合わせることにより電場と磁場に関する波動方程式を導きました。すなわち、真空中の誘電率ε_0と透磁率μ_0によって決定される真空中の電磁波の理論的伝播速度$\left(c=\dfrac{1}{\sqrt{\varepsilon_0\mu_0}}=2.99792458\times10^8\ [m/s]\right)$が、実験的に得られていた光の速度（光速）と一致したことから光も電磁波であると予言しました。

マクスウェルの方程式の電場と磁場に関する波動方程式の解は、電場と磁場の時間的な変動が伝搬する波動になります。

真空中を伝播する電磁波について波動方程式を導きます。

電荷密度はいたるところで$\rho=0$であるとします。このことから電流密度も$J=0$とします。

マクスウェルの方程式と関係式（$\boldsymbol{D}=\varepsilon_0\boldsymbol{E}$、$\boldsymbol{B}=\mu_0\boldsymbol{H}$）から

$$div\ \boldsymbol{D}=\rho \Rightarrow div\ \frac{\boldsymbol{E}}{\varepsilon}=0 \Rightarrow \boxed{div\ \boldsymbol{E}=0} \quad (F-1)$$

$$\boxed{div\ \boldsymbol{B}=0} \quad (F-2)$$

$$rot\ \boldsymbol{E}=-\frac{\partial \boldsymbol{B}}{\partial t} \Rightarrow \boxed{rot\ \boldsymbol{E}+\frac{\partial \boldsymbol{B}}{\partial t}=0} \quad (F-3)$$

$$rot\ \boldsymbol{H}=\boldsymbol{J}+\frac{\partial \boldsymbol{D}}{\partial t} \Rightarrow rot\ \frac{\boldsymbol{B}}{\mu}=0+\frac{\partial \varepsilon \boldsymbol{E}}{\partial t} \Rightarrow \boxed{rot\ \boldsymbol{B}-\mu_0\varepsilon_0\frac{\partial \boldsymbol{E}}{\partial t}=0} \quad (F-4)$$

となります。

※注1：1章末のコラム参照。
※注2：9－3節参照。

式（F－3）の両辺のrotをとります。

$$rot\ rot\ \boldsymbol{E}+\frac{\partial}{\partial t}(rot\ \boldsymbol{B})=0 \qquad (F-5)$$

ここで、第1項に公式（$rot\ rot\ \boldsymbol{A}=grad\ div\ \boldsymbol{A}-\Delta\boldsymbol{A}$）を使って書き直します。

$$grad\ div\ \boldsymbol{E}-\Delta\boldsymbol{E}+\frac{\partial}{\partial t}(rot\ \boldsymbol{B})=0 \qquad (F-6)$$

第1項は、式（F－1）の$div\ E=0$を代入すると0になります。ここで$\Delta=\nabla^2$（ラブラシアン）で∇（ナブラ）の内積を表し、$\Delta=\frac{\partial^2}{\partial x^2}+\frac{\partial^2}{\partial y^2}+\frac{\partial^2}{\partial z^2}$を表しています。また、第3項に式（F－4）を代入します。

$$-\Delta\boldsymbol{E}+\frac{\partial}{\partial t}\left(\mu_0\varepsilon_0\frac{\partial\boldsymbol{E}}{\partial t}\right)=0 \qquad (F-7)$$

この式を書き直して

$$\left(\Delta-\mu_0\varepsilon_0\frac{\partial^2}{\partial t^2}\right)\boldsymbol{E}=0 \qquad (F-8)$$

となります。

この式は、“波動方程式”と呼ばれています。ここで、光速$c=\frac{1}{\sqrt{\varepsilon_0\mu_0}}$を使うと式（F－8）は

$$\left(\Delta-\frac{1}{c^2}\frac{\partial^2}{\partial t^2}\right)\boldsymbol{E}=0 \qquad (F-9)$$

となります。

なお、式（F－4）の両辺のrotをとって、同じように式を変形していくと

$$\left(\Delta-\frac{1}{c^2}\frac{\partial^2}{\partial t^2}\right)\boldsymbol{B}=0 \qquad (F-10)$$

が得られます。

1次元のときは$\left(\frac{\partial^2}{\partial x^2}-\frac{1}{c^2}\frac{\partial^2}{\partial t^2}\right)\boldsymbol{B}=0$となります。この1次元の波動方程式を満たす式に$B_x=sin\ (x-ct)$があり、$x$方向に速度$c$で進行する波を表しています。

電場Eを表す波動方程式の式（F－9）の一般解は、x方向の1次元で表せば

$$E=F(x-ct)+G(x+ct) \qquad (F-11)$$

となります。ここで、FとGは任意の関数で、Fはx方向に速度cで進む波動を表し、Gは反対方向に同じ速度で進む波動を表しています。例えば、$t=0$のときは$x=0$の点では$E_{t=0,x=0}=F(0)+G(0)$となり、t秒後には$x=ct$の点が

$E_{t,x}=F(x-ct)+G(x+ct)$ の値をもつことを意味します。F と G のどちらの波をとるかはそのときの実験条件によります。

磁場 B を表す波動方程式の式（F－10）の一般解も、x 方向の1次元で表せば

$$B=-\frac{1}{c}\{F(x-ct)-G(x+ct)\} \qquad \text{(F－12)}$$

となります。

式（F－11）と式（F－12）で表されるように、電場 E と磁場 B は同じ関数 F と G で表され、両者は互いに組み合って離れることなく同じ速さ（光速）c をもつ波動となって x 方向に伝播することを表しています。

索引

単位

演算子

欧

あ

さ

し

す

せ

そ

た

て

へ

ほ

ま

み

め

も

ゆ

■著者紹介

臼田 昭司（うすだ しょうじ）

1975年　北海道大学大学院工学研究科修了 工学博士
　　　　東京芝浦電気㈱（現・東芝）などで研究開発に従事

1994年　大阪府立工業高等専門学校総合工学システム学科・専攻科 教授

2008年　大阪府立工業高等専門学校地域連携テクノセンター・産学交流室長、華東理工大学（上海）客員教授、山東大学（中国山東省）客員教授、ベトナム・ホーチミン工科大学客員教授

2013年　大阪電気通信大学客員教授＆客員研究員、立命館大学理工学部兼任講師

現在に至る

専門：電気・電子工学、計測工学、実験・教育教材の開発と活用法

研究：リチウムイオン電池と蓄電システムの研究開発、リチウムイオンキャパシタの応用研究、企業との奨励研究や共同開発の推進など。平成25年度「電気科学技術奨励賞」（リチウムイオン電池の製作研究に関する研究指導）受賞

主な著者：『読むだけで力がつく電気・電子再入門』（日刊工業新聞社 2004年）、『リチウムイオン電池回路設計入門』（日刊工業新聞社 2012年）、『はじめての電気回路』（技術評論社 2016年）、『はじめての半導体』（技術評論社 2017年）他多数

井上 祥史（いのうえ しょうし）

1981年　広島大学大学院理学研究科修了　理学博士

1999年　岩手大学教育学部教授

2014年　北海道教育大学特任教授

現在に至る

専門：計測工学、教育工学、科学教育

研究：生体情報計測

主な著者：『カオスとフラクタル－Excelで実践』（オーム社 1999年）、『Excelで学ぶ理工系シミュレーション入門』（CQ出版社 2003年）他

●装丁　　　　　辻聡
●組版＆トレース　株式会社キャップス
●編集　　　　　谷戸伸好

例題で学ぶ
はじめての電磁気

2017年5月15日　初版　第1刷発行

著　者　臼田昭司　井上祥史
発行者　片岡　巌
発行所　株式会社 技術評論社
東京都新宿区市谷左内町21-13
電話　03-3513-6150　販売促進部
　　　03-3267-2270　書籍編集部
印刷／製本　港北出版印刷株式会社

定価はカバーに表示してあります。

ISBN978-4-7741-8923-9　C3054
Printed in Japan

■お願い

本書に関するご質問については、本書に記載されている内容に関するもののみとさせていただきます。本書の内容と関係のないご質問につきましては、一切お答えできませんので、あらかじめご了承ください。また、電話でのご質問は受け付けておりませんので、FAXか書面にて下記までお送りください。

なお、ご質問の際には、書名と該当ページ、返信先を明記してくださいますよう、お願いいたします。

宛先：〒162-0846
東京都新宿区市谷左内町21-13
株式会社技術評論社　書籍編集部
「はじめての電磁気」質問係
FAX：03-3267-2271

ご質問の際に記載いただいた個人情報は質問の返答以外の目的には使用いたしません。また、質問の返答後は速やかに削除させていただきます。